观赏鱼养护与鉴赏丛书

龙鱼的养护与鉴赏

The Appreciation and Culture of Arowana

汪学杰●主编

SPM 南方出版传媒
广东科技出版社｜全国优秀出版社
·广 州·

图书在版编目（CIP）数据

龙鱼的养护与鉴赏/汪学杰主编. —广州：广东科技出版社，2016.1 (2020.7重印)
（观赏鱼养护与鉴赏丛书）
ISBN 978-7-5359-6464-9

Ⅰ.①龙… Ⅱ.①汪… Ⅲ.①观赏鱼类—鱼类养殖 Ⅳ.①S965.8

中国版本图书馆CIP数据核字（2015）第307932号

龙鱼的养护与鉴赏

责任编辑：区燕宜　罗孝政
装帧设计：创溢文化
责任印制：彭海波
出版发行：广东科技出版社
（广州市环市东路水荫路 11 号　邮政编码：510075）
http：//www.gdstp.com.cn
E-mail：gdkjyxb@gdstp.com.cn（营销中心）
E-mail：gdkjzbb@gdstp.com.cn（总编办）
经　　销：广东新华发行集团股份有限公司
印　　刷：广州市岭美文化科技有限公司
（广州市荔湾区花地大道南海南工商贸易区 A 幢　邮政编码：510385）
规　　格：787mm × 1 092mm　1/16　印张 7　字数 150 千
版　　次：2016 年 1 月第 1 版
2020 年 7 月第 4 次印刷
定　　价：39.80 元

如发现因印装质量问题影响阅读，请与承印厂联系调换。

《观赏鱼养护与鉴赏丛书》
编委会

主　　任：罗建仁

委　　员：吴　青　许品章　马卓君
　　　　　胡隐昌　汪学杰

《龙鱼的养护与鉴赏》
编委会

主　　编：汪学杰

副 主 编：胡隐昌　牟希东

参编人员：罗建仁　宋红梅　刘　奕
　　　　　邱兴顺（马来西亚）
　　　　　刘　超　顾党恩　杨叶欣
　　　　　罗　渡　徐　猛　韦　慧

摄　　影：罗建仁　汪学杰
　　　　　邱兴顺（马来西亚）

序

龙是中华民族的图腾，具象兽首、莽身、鹰爪、鱼尾，善腾挪，上天入海，若隐若现，神通广大，地位高崇。古时只有皇家可以使用龙图装饰服饰，皇上至尊，自命真龙天子，皇子、皇孙也云龙子、龙孙。故龙之尊贵，令百姓仰慕之至。后凡高、大、上之物，常以龙喻之，诸如龙马精神、龙腾虎跃、龙飞凤舞、龙盘虎踞、望子成龙、鱼跃龙门等等！

这里不议人们望子成龙或快婿乘龙，专话鱼跃龙门。

考诸龙尾，源于鱼也。鱼尾巴，圆形尾扇者有泥鳅、乌鱼、孔雀鱼、石斑鱼、鰕虎鱼、骨舌鱼等等，多不胜数。总不能用泥鳅、鰕虎鱼之类尾巴来附会我们伟大的龙吧？我觉得骨舌鱼类的尾巴具备强大、威猛、炫丽的气质，适合用来做龙尾。事实上骨舌鱼和龙图对照，发觉越看越像，就是它了。特别是骨舌鱼中的一类，叫作美丽硬仆骨舌鱼的，其尾巴之炫丽、之灵动、之圆满，作为龙尾，真是舍我其谁！

美丽硬仆骨舌鱼，要登上龙门，岂止独凭丽尾？

首先身份来历不凡。这是一种远古鱼类，其祖先于距今两亿多年前的中生代三叠纪就已存在，当时地球上并不是现在的样貌，陆地由南半球的刚地瓦纳大陆（Gondwanaland）和北半球的劳亚古陆（Laurasia）构成，后来由于板块漂移分裂组合，一些小块构成现在的马来西亚、新加坡、印度尼西亚等，美丽硬仆骨舌鱼就在这些地方遗留进化保存下来了。在原产地其名称为“arowana”，我感到大有古意。

还有身姿雄壮、对须灵动、双眼炯炯、威风凛凛，足具威震一方的气概，这是龙的精神。确实不少人请它入宅精心养护，有倚仗它镇护华宅的心愿。而身被呈现金属光泽的巨大鳞片，片片连锁，犹如浑身铠甲，若大将临阵，气压千军，岂非龙身乎？

再之，该鱼极具灵性，你细心养护它，以手势引导它，与它相处，日久生情。当你在外作为一天，回家打开门户，你家中鱼缸里的爱鱼常会当头摆尾迎你而来，多么开心。

龙鱼固好，要养护好它，也应知己知彼。何况这鱼昂贵得很，养坏了不仅心情不爽，还银子惨损，亏之又亏。所以，得有人指教。通常备书可充师傅，比找人容易。汪生领衔编写的《龙鱼的养护与鉴赏》，应是爱龙鱼者手头备书之选。特为之序。

罗建仁

撰于广州白鹅潭

2015 年 6 月 28 日

前　言

热带观赏鱼进入中国普通人家大约有30年的时间，而这30年来热带观赏鱼在中国的推广非常迅速，甚至可以说迅猛了。在1985年，笔者刚刚大学毕业的时候，全中国见过热带观赏鱼的没几个人，连我这个水产学院的毕业生，也不知道热带观赏鱼为何物。那时，只有广州和上海有几个爱好者在试养这类鱼，市面上能见到的热带观赏鱼只有金鱼而已。

经过约30年的发展，热带鱼获得了全方位的发展，已经形成了一个较大规模的产业，从开始时少数中心城市零星出现，到现在全国所有大中城市都有人以此为业；品种数量从开始时的十几种，发展到现在的数百种；从孔雀鱼、摩利鱼、剑尾鱼这样的低端消费，到后来七彩神仙鱼、龙鱼、魟鱼等高端消费；消费者心态从原来的冲动型，发展到现在的挚爱型、专家型；消费者对养殖品种的选择，从原来的一哄而起，发展到现在的各有所好，这也说明我们的消费者变得成熟了。

消费者成熟了，消费理性了，对于养殖技术的需求也就更迫切了，对观赏鱼书籍的需求就更大了。

既然观赏鱼品种有上千，消费者又是各有所好，我们为什么要出这本龙鱼的专著呢？笔者的考虑是这样的：

（1）近几年我国亚洲龙鱼（主要是红龙鱼和金龙鱼）消费增长迅速，2009年进口龙鱼的数量比5年前至少增加了3倍，现在每年进入我国市场的亚洲龙鱼估计有10万尾左右，市场交易金额达到3亿元以上，银龙鱼年输入量约200万尾。龙鱼类在国内观赏鱼市场占有重要地位，理当受到重视。

（2）由于消费规模扩大，必然有一些新的消费者，这些新的消费者需要对龙鱼有更多的了解，需要龙鱼养殖技术。

（3）龙鱼是名贵观赏鱼，现在是，将来还是。龙鱼价格不菲，谁都舍不得用它来做试验、练习养殖技术，所以，养殖者需要充分的理论学习。

（4）龙鱼是室内装饰效果最好的观赏鱼之一，但是装饰效果和鱼的状态有很大关系，如何使龙鱼保持健康、鲜艳的状态，这不是一般的爱好者完全靠自己摸索能够做到的。

（5）龙鱼是一种古老生物孑遗，自然分布范围狭窄，不同于一般的热带鱼类，它有一些独特的、敏感的东西，养殖技术也有其专一性，不能完全套用其他鱼的养殖方法。

（6）我国的气候、水土与亚洲龙鱼原产地相差甚远，我们不能照搬别人的养殖方法，需要寻找符合自身条件的养殖技术。

（7）在多年的实践中，笔者发现，有关龙鱼养殖的许多问题，还不能从现有的书籍中找到答案，作为一个科技工作者，自感有责任将有关经验拿出来与大家分享。

（8）笔者所在的中国水产科学研究院珠江水产研究所观赏鱼研究团队，是原产地之外最早繁殖出亚洲龙鱼的团队之一，并且史无前例地由引进的人工繁殖子二代（F_2）又繁殖了二代，我们愿与国人分享这一科研成果。

由于上述原因，笔者认为这本书的特色不是精美的图片，目的不是鼓动您去购买龙鱼，也不仅仅是教人们如何欣赏龙鱼，我们的重点是养殖技术，目的是让读者不但能养活龙鱼，还能使龙鱼长久地保持风采。

本书编写得到了中国水产科学研究院珠江水产研究所水产学首席科学家、中国水产学会观赏鱼分会副会长罗建仁研究员的指导并提供大量精美图片，得到了国家水产种质资源库项目（项目编号 2015DKA30470）和广东省科技计划项目等支持，在此一并表示衷心感谢。

因笔者水平有限，管中窥豹不及万一，书中难免有疏漏、不妥甚至错误之处，恳请同行专家及读者批评指正。

汪学杰

2015 年 6 月 30 日

目　录

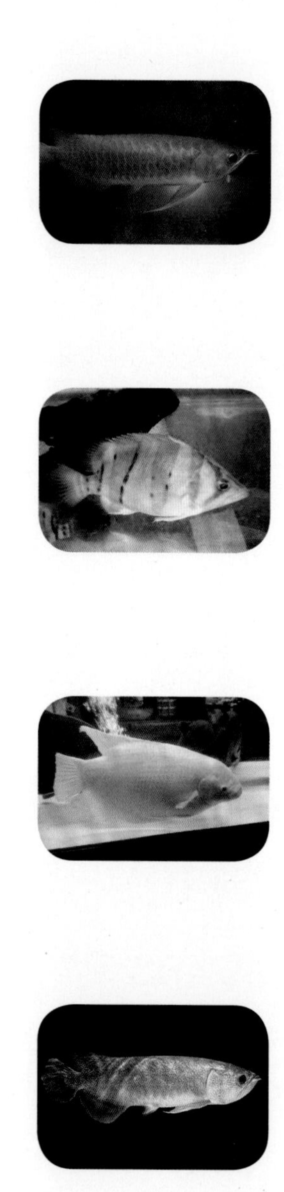

Contents

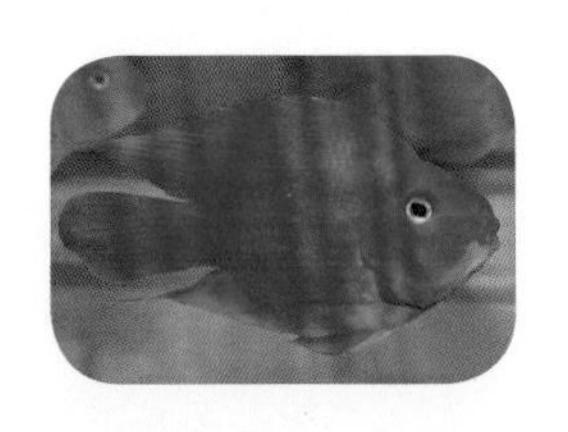

1 龙鱼分类、历史和自然习性

龙鱼是骨舌鱼科几种鱼的笼统称谓，它包括亚洲龙鱼（红龙鱼、金龙鱼、青龙鱼等地理种群）、银龙鱼、南美黑龙鱼、珍珠龙鱼、星点珍珠龙鱼、巨骨舌鱼及非洲黑龙鱼。

一、龙鱼的分类

龙鱼都有各自的学名，在介绍它们的分类和起源之前有必要了解一下。表 1 是它们所对应的中文名和拉丁学名。

表 1　龙鱼的分类

俗　名	中文名	拉丁学名
亚洲龙鱼	美丽硬仆骨舌鱼	*Scleropages formosus*
银龙鱼（银带）	双须骨舌鱼	*Osteoglossum bicitthosum*
南美黑龙鱼（黑带）	青鳉骨舌鱼（费氏骨舌鱼）	*Osteoglossum ferrerirai*
珍珠龙鱼（澳洲龙鱼）	海湾巩鱼	*Scleropages jardini*
星点珍珠龙鱼（澳洲龙鱼）	巩鱼	*Scleropages leichardti*
巨龙鱼（海象鱼）	巨骨舌鱼	*Arapaima gigas cuvier*
非洲黑龙鱼	尼罗异耳骨舌鱼	*Heterotis niloticus*

这些鱼的俗名之所以都叫龙鱼，不仅仅因为外观都具有龙的威势，其中还是有科学道理的，科学分类告诉我们，它们的亲缘关系是比较接近的。

分类系统告诉我们，所有的龙鱼都属于骨舌鱼科，相互之间亲缘关系是很接近的，其中骨舌鱼亚科有 2 属 5 种：珍珠龙鱼（海湾巩鱼，*Scleropages jardini*）、星点珍珠龙鱼（巩鱼，*Scleropages leichardti*）和亚洲龙鱼（美丽硬仆骨舌鱼，*Scleropages formosus*）的亲缘关系非常接近，它们同属于坚体鱼属，从形态上看这几种龙鱼也是最接近的，而银龙鱼、南美黑龙鱼这两种是骨舌鱼属，与亚洲龙鱼的亲缘关系稍微远一些，而异耳鱼亚科的两种与上述 5 种龙鱼关系更远。骨舌鱼科各物种的形态特征见表 2。

骨舌鱼目 Osteoglossiformes
弓背鱼亚目 Notopteroidei
月目鱼科 Hiodontidae 弓背鱼科 Notopteroidae 弓背鱼属 *Notopterus* 弓背鱼（虎纹刀）*Notopterus notopterus*

骨舌鱼亚目 Osteoglossidei

蝶齿鱼科 pantodontidae
骨舌鱼科 Osteoglossidae
异耳鱼亚科 Heterotidinae
异耳骨舌鱼属 *Heterotis*
尼罗异耳骨舌鱼 *Heterotis niloticus*
巨骨舌鱼属 *Arapaima*
巨骨舌鱼 *Arapaima gigas cuvier*
骨舌鱼亚科 Osteoglossinae
骨舌鱼属 *Osteoglossum*
双须骨舌鱼 *Osteoglossum bicitthosum*
青鯆骨舌鱼 *Osteoglossum ferrerirai*
坚体鱼属（又称硬骨舌鱼属）*Scleropages*
美丽硬仆骨舌鱼 *Scleropages formosus*
海湾巪鱼 *Scleropages jardini*
巪鱼 *Scleropages leichardti*

表 2　骨舌鱼科各物种主要形态特征

物种名	体形轮廓	最大成年规格	体色	奇鳍形态	体高（厘米）	体宽（厘米）
巨骨舌鱼	身体前半部圆柱状，向后趋于侧扁，与鸟鳢近似	体长 5 米，400 千克（有证可查的最大个体为 200 千克）	黑色、深灰色或暗绿色，身体后部鳞片及尾鳍有红色斑纹		4.5~5.6	5.5~6.7
尼罗异耳骨舌鱼	与巨骨舌鱼类似，但较细	体长 1 米，6 千克	铁灰色，无明显斑纹		4.8~5.8	6.0~7.1
美丽硬仆骨舌鱼	侧扁	体长 90 厘米	红色、金色、黄色或黄褐色等	背鳍鳍条 17~18，臀鳍鳍条 25~26	4.0~4.5	7.1~8.9
海湾巪鱼	侧扁	体长 100 厘米，12 千克	底色主要为黄褐色	背鳍鳍条 20~24，臀鳍鳍条 28~32	4.3~4.8	7.7~9.4
巪鱼	侧扁	体长 100 厘米	底色黄褐色，鳞片中心有红点		4.2~4.7	7.5~9.3
双须骨舌鱼	长侧扁	体长 100 厘米	银白色，有粉红色暗纹，背部略暗黄	背鳍鳍条 43~46，臀鳍鳍条 52~54	4.9~5.5	8.8~14.6
青鯆骨舌鱼（费氏骨舌鱼）	长侧扁	体长 60 厘米	银灰色，臀鳍蓝色带黄边，背鳍尾鳍局部红底		5.0~5.4	8.9~14.5

生物学分类系统只分到种为止，种以下的亚种、地方种群都不是生物学分类系统检索的范围，鱼类分类学系统一般对种以下的分类特征不加描述。亚洲龙鱼不同的种群色彩表现差异很大，商业价值也甚为悬殊，对于它们各自的形态色彩方面的特征，在此先做一个简单的介绍（表 3）。

表 3　亚洲龙鱼各种群特点

名称	分布	体型、体色	备注
金龙鱼	马来西亚半岛	身体粗壮，前额稍下弯，吻稍圆钝，全身闪耀金属光泽	主要有过背金龙鱼、红尾金龙鱼两类
红龙鱼	加里曼丹岛、苏门答腊岛	身体较修长，个体比金龙鱼更大，额平直或上翘，吻较尖，鳃盖及鳞片深红色至橘黄色	主要有辣椒红龙鱼、血红龙鱼、橘红龙鱼、黄尾龙鱼
青龙鱼	东南亚半岛和内陆	体型接近金龙鱼，一般青灰色，特别优异者闪耀绿色金属光芒	原本没有品系划分，近年有“纳米青龙鱼”品系出现

二、龙鱼演化和贸易历史

（一）骨舌鱼类的起源

从分类系统可以看出，这些被称为“龙鱼”的生物，之所以被归为一大类不是仅仅因为名字中带一个“龙”字，不是文字游戏一般的归类，它们确实是亲缘关系比较近的，有共同的祖先。

从生物学的观点看，同一个科是比较近缘的关系，同一亚科更是相当近缘的关系了，同一亚科的鱼类通常有基本相同的骨骼系统、一致的胚胎发育过程、相似的生活习性、相近的地理分布，但是龙鱼为何单单在地理分布方面如此天差地远呢？这只有从起源获得解答。

骨舌鱼类的祖先出现在中生代三叠纪（中生代的第一纪），距今 2.42 亿 ~2.37 亿年。此前地球上有两块大陆，即南半球的刚地瓦纳大陆（Gondwanaland）和北半球的劳亚古陆（Laurasia），在三叠纪之前或三叠纪之初，这两块大陆由于陆地漂移而连接在一起，形成天下共有一个大陆的局面，于是各种动物甚至植物，发生了广泛的渗透扩散。原本只在其中一块大陆生活的物种，这时在两个大陆都有了分布，这时，这块大陆上已经出现了古代骨舌鱼——现存骨舌鱼目所有鱼类的共同祖先。但仅仅几百万年之后，这两块大陆又“分家”了，于是各种生物在两块大陆上各自向着不同的方向进化，在向北漂移的劳亚古陆上，骨舌鱼向着狼鳍鱼科演化，而南半球的刚地瓦纳大陆上，骨舌鱼目的古老祖先演化为后来的骨舌鱼科鱼类，现在的 5 种龙鱼都是骨舌鱼科所属的骨舌鱼亚科的鱼类。再后来，刚地瓦纳大陆又分裂出一小块陆地逐渐北漂，一路上发生多次的分裂，遗留下印度尼西亚群岛，并与北半球的劳亚古陆相连形成了现在的东南亚半岛，骨舌鱼亚科在这些地方演化出了美丽硬仆骨舌鱼——亚洲龙鱼。而亚洲龙鱼内部的区系分化则是其后，由于加里曼丹岛、苏门答腊岛及东南亚半岛各地的地理隔离及当地气候、水质、食物的差异造成的进一步分化形成的。

骨舌鱼目鱼类的古化石在北非、大洋洲、印度、东南亚、中国、巴西等地都有出土，年代有 2 亿多年。骨舌鱼化石外部形态与现在的坚体鱼属鱼类（珍珠龙鱼、星点珍珠龙鱼、亚洲龙鱼）非常相似，而一直分布于北半球的狼鳍鱼科鱼类在外观上则与古代骨舌鱼目化石相差较大，说明坚体鱼属鱼类演化的程度较小，很可能是因为三叠纪的刚地瓦纳大陆当时处于赤道穿越的地球中心位置，气候与后来的热带雨林比较相似，而印度尼西亚及东南亚半岛从这块大陆分离出来以后，漂移的位置并没有离开热带，气候和植被环境变化不大，再加上分离的年代较晚，因此亚洲龙鱼与三叠纪的祖先及遗留在南半球的同宗（澳大利亚的两种龙鱼）形态没有发生太大的变化。

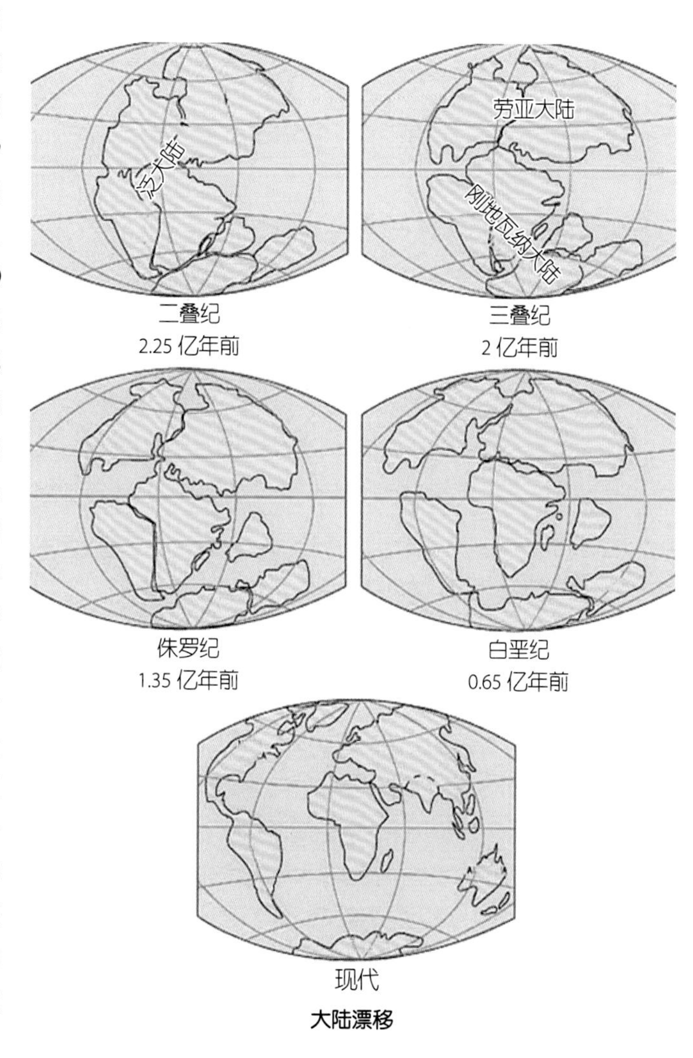

大陆漂移

亚洲龙鱼在整个东南亚都有分布，中国的西南部云南和广西与东南亚接壤，气候比较接近，而且一些河流是相通的，为什么这些地区没有龙鱼分布呢？这个问题现在还不好回答，首先是这些地区是否确实没有野生的龙鱼现在还不能肯定，当地的居民与中华主流文化相对隔离，即使见到了野生龙鱼外界也不会知道。另外，中国古代文明的遗存中，隐约有一些可能与龙鱼有关的东西，比如龙这个中华民族的图腾，为什么是生活在水中呢？龙与龙鱼到底有没有原始的联系？龙吐珠是不是龙鱼在口含受精卵进行孵化呢？二龙戏珠是龙鱼的生殖行为吗？这些谜团现在还难找到一个权威的解答。

（二）龙鱼发现和贸易的历史

龙鱼最早在1829年被发现于亚马孙流域，被发现的是骨舌鱼属的银龙鱼，发现者是美国人温戴理（Vandell）博士。之后，骨舌鱼科的一些其他种类相继在非洲、澳大利亚被发现。而南美黑龙鱼，与银龙鱼一样分布在亚马孙流域，竟然是最后在1966年才被发现的！最负盛名的是亚洲龙鱼，即美丽硬仆骨舌鱼，是法国鱼类学家穆勒（Muller）于1933年在越南的安南山脉的小河中发现的。据说他当时看到红色的龙鱼（注意：他看到的是红龙鱼！但是后来人们在越南只发现青龙鱼！到底是怎么回事？），对该鱼的美艳非常震惊，不免大肆宣传，很快生物学研究界都知道了这种鱼的存在。之后，亚洲龙鱼平静的生活被打破了。当然，当时还没有出现大肆捕捞的情况，因为世界上当时对观赏鱼感兴趣的人还很少，观赏鱼还没有形成产业，世界经济还没有完全从1929年的大萧条中恢复过来，而且，当时的世界已经开始了动荡，战争气氛日趋浓厚，观赏鱼贸易几乎还没有出现，亚洲龙鱼当然也淹没在这样的气氛之中。

关于世界性的观赏鱼贸易，公认的起始时间是1957年。1945年第二次世界大战结束后12年，世界已经修复了战争的创伤，经济超过了战前的最高水平，交通运输条件也有了很大的进步，观赏鱼这才有了市场，也是在1957年，马来西亚结束了大不列颠帝国的统治历史而获得独立，而这对于后来龙鱼的发扬非常重要，据说亚洲龙鱼也是从这以后开始被作为“经济鱼类”（即有经济价值的鱼类）而捕捞和利用的。

在最漂亮的龙鱼——过背金龙鱼的故乡马来西亚，20世纪50年代末就开始有不少人把龙鱼养在家里的水族缸中，当地的华裔因为龙鱼的长须、大鳞片等外观与中华传统图腾——龙很相似，给这条本来被叫作arowana的鱼起了“龙鱼”这个中文名（后来整个亚洲都接受龙鱼这个名称了），他们主要通过自己从湖里垂钓得到心仪的过背金龙鱼。而到1970年初，过背金龙鱼忽然成为当地的一种热销商品，需求猛然大了起来，爱好者也很难通过垂钓获得一条龙鱼了，巨大的经济利益诱使人们对过背金龙鱼采取掠夺性的捕捞方式，用麻药醉捕甚至抽干湖水竭泽而渔，距吉隆坡约65千米的“八丁燕带”，是过背金龙鱼的主要原产地，在20世纪70年代后期的疯狂捕捞之后，大小十几个湖泊再也没见过背金龙鱼的踪影。

武吉美拉湖是马来西亚过背金龙鱼的另一个原产地，在人们捕捞金龙鱼的高峰时期被发掘出来，龙鱼数量也迅速衰减，幸好这片湖泊面积较大，大到没人能够竭泽而渔，加上当地居民的保护，才没有成为又一个“八丁燕带”。

由于亚洲龙鱼野生资源数量的迅速衰减，濒危野生动植物种国际贸易公约（CITES），即华盛顿公约，于1980年将亚洲龙鱼列入濒危动植物国际贸易保护公约，禁止对亚洲龙鱼的捕捞和贸易。

1986年开始人工条件下繁殖增殖亚洲龙鱼，始于马来西亚。当时在柔佛州的峇株巴哈县，有一家卖热带鱼的店铺，把一时卖不出去的金龙鱼暂养在一个池塘中。一段时间后在这个池塘边的水草旁边发现有小龙鱼游动，断定金龙鱼可以在池塘中自己繁殖。于是塘主委托马来西亚中部的一家水族商收购成年金龙鱼，由于收购数量大，而且无论是健全或残缺，除了眼盲之外一律全收，这显然不是一个正常的商业贩卖行为，因此引发了很多相关人士的猜测和好奇，最后秘密没有守住，池塘繁殖龙鱼在整个马来西亚传播开来。

亚洲龙鱼池塘繁殖的成功，为后来开放龙鱼国际贸易奠定了最重要的基础。因为是人工条件下繁殖的成功，使得亚洲龙鱼的数量得以恢复甚至增加，灭绝的危险没有原来那么严重，濒危程度得到极大的缓解。

世界上第一家合法出口（非 CITES）亚洲龙鱼的是：1992 年印度尼西亚宾丹卡巴 PT Bintang Kalbar。而获得 CITES 注册最早的是：新加坡的第一张 CITES 注册证书是 1994 年彩虹水产（星）有限公司获得，马来西亚的第一张 CITES 注册证书是 1994 年祥龙有限公司获得，印度尼西亚第一张 CITES 注册证书是 1995 年 CV Dua Ikan Selaras 鲁亚依干斯拉那（双鱼公司）获得。因此，世界上亚洲龙鱼贸易的合法化和规范化是 1994 年。

本书多次提及 CITES，涉及亚洲龙鱼贸易问题时，我们不可避免地要接触 CITES，所以我们在此还是详细了解一下有关 CITES 的一些情况。

CITES 英文全文是“Convention on International Trade in Endangered Species of Wild Fauna and Flora”，其中文意思是“国际濒危动植物物种贸易条约”，是政府间的国际共识（原文 agreement，共同意见、议定、共识的意思），其目的是确保野生物种的生存不会受到国际贸易的威胁。最早出现有关 CITES 的想法是在 20 世纪 60 年代，CITES 是 1963 年国际自然保护联盟的一次会议萌生的想法，条约的文本最终在 1973 年 3 月 3 日于美国首都华盛顿有 80 个国家参加的会议上获得通过（这就是 CITES 又被称为华盛顿条约的原因），之后于 1975 年 7 月 1 日起本条约开始强制实行。条约的原始文本以中文、英文、法文、俄文、西班牙文保存，每一原始文本具有同等法律效力。

1980 年，亚洲龙鱼因为濒临绝种而被列入 CITES《附录 I》，公约全面禁止人们对此鱼的捕捉和贸易。到了 1989 年，亚洲龙鱼的濒危程度有了一定程度的缓解，从公约的第一附件中被删除，转而列入《附录 II》中，因此对它们的贸易限制也有所缓解。1994 年，亚洲龙鱼又重新列入 CITES《附录 I》，但贸易的限制有所放松，除了野生亚洲龙鱼仍然完全禁止捕捞和贸易外，人工培育的亚洲龙鱼子二代及其后代可以进行进出口贸易而数量不受限制。但是只有经过论证获得 CITES 注册的龙鱼养殖（繁殖）场（公司），才有资格出口

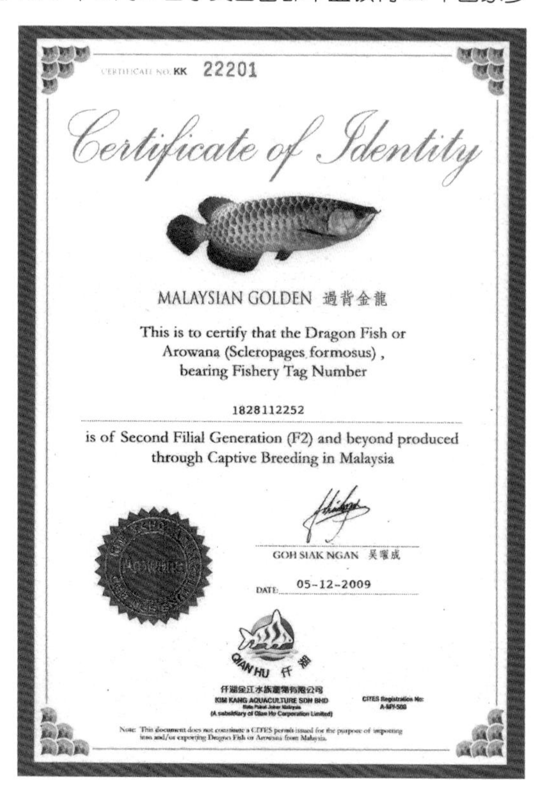
CERTIFICATE NO. KK 22201

Certificate of Identity

MALAYSIAN GOLDEN 過背金龍

This is to certify that the Dragon Fish or
Arowana (Scleropages formosus),
bearing Fishery Tag Number

1828112252

is of Second Filial Generation (F2) and beyond produced
through Captive Breeding in Malaysia

GOH SIAK NGAN 吴曜成

DATE: 05-12-2009

QIAN HU 仟湖

KIM KANG AQUACULTURE SDN BHD

(A subsidiary of Qian Hu Corporation Limited)

CITES Registration No:
A-MY-500

Note: This document does not constitute a CITES permit issued for the purpose of importing into and/or exporting Dragon Fish or Arowana from Malaysia.

龙鱼身份证明

亚洲龙鱼。

亚洲龙鱼国际贸易的相关规定和执行办法是这样的：

首先是期望进行亚洲龙鱼出口贸易的养殖（繁殖）场向 CITES 提出注册申请，提交人工繁殖亚洲龙鱼子二代的证明，得到批准成为 CITES 注册亚洲龙鱼繁殖场后，根据所在国的法律、规定，向所在国的相关管理机构登记注册，接受其监督，就成为有资格出口子二代或其后代亚洲龙鱼的渔场。亚洲龙鱼出口国是马来西亚、新加坡和印度尼西亚这三个国家，泰国、越南、柬埔寨、老挝、缅甸等国也有亚洲龙鱼（主要是青龙鱼）分布。

三、龙鱼的自然习性与分布

表 3 中提到了亚洲龙鱼不同种群（或亚种，但是已有的研究数据不支持其差别大到可划分为不同亚种的程度）的大致分布，就此话题，顺便展开一下，下面就介绍一下各种龙鱼（不仅仅是亚洲龙鱼）的分布和原始生态环境，这些内容与它们的生物学习性是有很大关系的，对于怎样养好它们有很大的参考价值。

银龙鱼

（一）银龙鱼

银龙鱼分布在亚马孙流域，除了上游水温较低、流速较快的河段之外，整个亚马孙平原区域的水网地带都有分布，主要栖息在亚马孙河支流水网地带的灌木丛生的泛滥区，或者河湾处漂浮性水草聚生的水域，这些地方水面开阔，水流和缓，覆盖着热带雨林或者漂浮植物，水生物种繁多，饵料资源丰富。由于茂密的热带雨林提供了大量落叶等腐殖质，水质是长期而较稳定地处于弱酸性软水的状态，水温也常年处在 23~28℃，没有明显的季节性变化，只有微小的昼夜温差。银龙鱼一般活动在水域的上层，主要以潜伏突袭的方式捕食，它们常常潜伏在浮草之下，待上方出现昆虫、蜈蚣、小蛇等各种小型动物时，一跃而起将其吞食。由于这样的习性，当地土著称其为“跳跃鱼”。银龙鱼也以类似的方式捕食小鱼、虾、蟹等，当然，捕食小鱼不需跃出水面，只要在隐蔽处“守草待鱼”就可以了。

银龙鱼 3 年达到性成熟，主要繁殖季节（从开始产卵到最后一批鱼苗孵出）是每年 8 月至翌年 3 月，当地此时为雨季。自然条件下初次繁殖个体体长达到 80 厘米，最大成年个体可达 120 厘米。银龙鱼的雌雄没有明显的形态差异，一般雄性在同等体长的情况下体高比雌性略大，以 80 厘米的个体来说，雌鱼的体高大约 16 厘米，而雄鱼能达到 17~18 厘米。性成熟之前雌雄差异更不明显，因此难以从外部形态区分。银龙鱼每个生殖季节产卵 1~3 次，每次产量 100~300 枚，卵径 8~10 毫米。受精卵由雄鱼含在口中孵化，50~60 天孵出鱼苗。鱼苗刚离开雄鱼口腔时卵黄囊是饱满的，如水滴状，悬挂在腹鳍前面的腹部，此时鱼苗约 3 厘米长，已能平游，此时雄鱼仍守在鱼苗旁进行保护，鱼苗尚未开口进食。之后鱼苗的卵黄渐消耗，卵黄囊逐渐收缩，在孵出后 3~4 天鱼苗开始进食，卵黄吸收完之后，卵黄囊收缩回体腔，此时鱼苗可吸收外源营养，遂离开父亲自行觅食。鱼苗的食物是它遇见的任何会动的又吞得下的东西，所以一般是水生昆虫、水中的昆虫幼虫、掉到水里的昆虫、小鱼、虾蟹幼苗或幼仔等。

（二）南美黑龙鱼

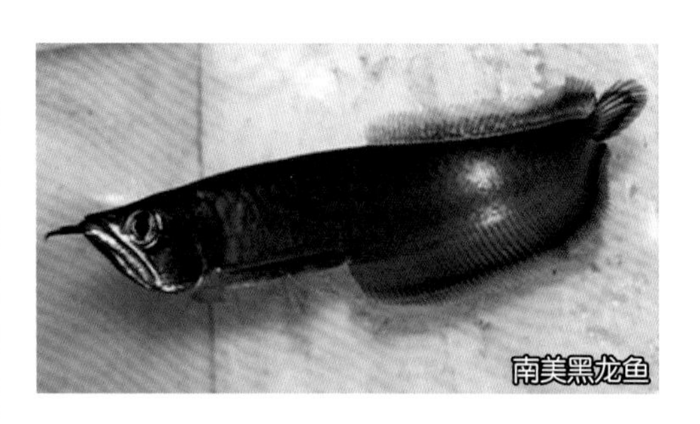
南美黑龙鱼

南美黑龙鱼俗称黑带，分布于亚马孙流域的尼格罗河，体型与银龙鱼相似，呈扁平修长形。幼鱼时体色呈黄色，并有一条黄色的纵线从吻部穿过眼睛一直延伸到尾部，当渐渐长大时鱼鳍会变成深蓝色，甚至黑色、紫色等暗的色彩。南美黑龙鱼比较神经质，且体质也较虚弱，需要细心照顾。

此鱼于 1966 年被发现于尼格罗河，是龙鱼当中最晚被发现的，成年个体与银龙鱼几乎不存在体型的差异，但是最大个体只能达到 60 厘米，另外口腔内部结构有一些差别，主要是鳃耙比银龙鱼更密。体色与银龙鱼的差别很小，鳞片呈银色，唯各鳍为深蓝色或紫色与银龙鱼不同。

南美黑龙鱼以浮游动物为食，以往一般认为在水族缸养殖很困难，但是笔者经过亲自尝试发现，用血虫（摇蚊幼虫）或颗粒饲料喂养完全没有问题，在水族缸养殖并不困难。

（三）珍珠龙鱼

珍珠龙鱼

珍珠龙鱼又称为澳洲龙鱼，有很多英文名：Australian arowana、Australian bonytongue、Northern saratoga、Jardine's barramundi 等等，分布于澳大利亚北部和巴布亚新几内亚。体型较小，成年体长 50~70 厘米，据说最大个体可达到 100 厘米，最大体重 12.27 千克，但是普通个体其实只有 55 厘米左右而已。外形轮廓与亚洲龙鱼比较接近，身体宽度较亚洲龙鱼稍窄，颌须较短，体色呈淡褐色、金黄色或是灰绿色等颜色，鳞片黄金色中带银色，有 7 行鳞片，尾鳍、背鳍、臀鳍有金色斑纹。

珍珠龙鱼生活于溪流与沼泽的静止的水域，活动于水体上层和接近挺水植物的近岸水域，是一个水面捕食者，吃多种陆生与水生昆虫、小鱼、甲壳动物甚至有时还摄食一些植物。繁殖方式也是口腔孵化，每一窝产卵量在 100 粒左右，繁殖季节是在雨季将临，地表水温度接近

30℃的时候，受精卵在亲鱼口腔孵化 1~2 周成鱼苗，此时带有很大的卵黄囊。体长只有 2~3 厘米时还要在亲鱼口腔内或口的附近待 4~5 周，才成为自主捕食的幼鱼，此时体长为 4~5 厘米，幼鱼主要捕食小型甲壳类动物。成年个体身体强壮，属于凶猛肉食性鱼类，独居而且有领域性，因此不论同类或是其他鱼类，在与其接近时都会受到凶狠对待。

（四）星点珍珠龙鱼

星点珍珠龙鱼俗名澳洲星点龙鱼，它还有一个别名叫道森河鲑鱼，英文名 Southern saratoga、Spotted bonytongue、Spotted arowana、Spotted barramundi 或当地人称谓 Dawson River Salmon，因澳大利亚南部的道森河以出产此鱼而闻名，实际上，在昆士兰州东北部的整个费兹罗伊流域的很多水域，包括布里斯班河、布尔耐特河、道森河、努萨河、波如巴水库、克里斯布鲁克水库、辛泽水库、索马塞特湖和维文河水库等都有该鱼分布。

星点珍珠龙鱼

星点珍珠龙鱼体色是背部橄榄绿至棕色，越向腹部颜色越浅。鳞片很大，中心有一个橙色或红色的点，下巴前端有 2 条颌须直向上前方，靠后的背鳍向斜后方直达尾鳍，为其提供了强大的跳跃能力，帮助它跳跃出水面捕食。此鱼最大个体重 4 千克，长 100 厘米，但是一般的成年个体只有 55 厘米左右。

此鱼以口孵方式繁殖，雌鱼每次产下 70~200 粒卵，直径 10 毫米左右，雄鱼将受精卵含在自己口中孵化，孵化期间在水表层活动，对食物完全没有兴趣，而其他同类则对它视同无物。受精后 1~2 周鱼苗孵出，雄鱼在静水的近岸处将鱼苗放出来，自己在鱼苗旁边或者潜在鱼苗身下保护，有时以惊人的速度将鱼苗又含进口中。在鱼苗刚孵化出的头两三天（全长 2~3 厘米），经常有这样放出、含入的反复行为。待鱼苗长到 3.5~4 厘米时，卵黄囊消失，各自占据池塘（浒湾）靠近岸边的水草地带，自行觅食。

星点珍珠龙鱼喜欢靠近水面活动，主要食物来自水体表面或表层，它们的食物包括昆虫、小鱼、虾、青蛙等。

（五）亚洲龙鱼

亚洲龙鱼之过背金龙鱼

亚洲龙鱼分布在东南亚地区，不同的地区因为地理隔离各自适应性演化的缘故，形成了金龙鱼、红龙鱼和青龙鱼 3 个主要种群，它们各自的分布地区如下：

红龙鱼主要分布于婆罗洲岛上印度尼西亚所属的加里曼丹省的卡普斯河和仙塔兰姆湖。印度尼西亚所属苏门答腊岛也有红龙鱼分布，但是该地的红龙鱼属于橘红龙鱼一类，观赏价值无法与加里曼丹岛的一级红龙鱼相提并论，所以不是商品红龙鱼的主要产地。

卡普斯河与仙塔兰姆湖流域所产的红龙鱼都属于一级红龙鱼，即血红龙鱼和辣椒红龙鱼，令人感到神奇的是，仙塔兰姆湖南部及同流域的以南地区分布的是辣椒红龙鱼，而仙塔兰姆湖北部及同流域的以北地区分布的是血红龙鱼，可谓泾渭分明。

金龙鱼主要分布在马来西亚以及印度尼西亚的苏门答腊岛。

加里曼丹岛与马来西亚半岛之间是淡水生物无法跨越的海洋，居然都分布着金龙鱼，而且同一个岛上，属马来西亚的这边有金龙鱼（红尾金龙鱼）而没有红龙鱼，属印度尼西亚的那边却只有红龙鱼。

过背金龙鱼原始分布地为马来西亚武吉美拉湖与周边河域，该湖区处于雪兰莪州，距离首都吉隆坡仅 50 千米。近几年野生过背金龙鱼几乎绝迹，但马来西亚各州都有龙鱼繁殖场，主要繁殖品种都是过背金龙鱼。

红尾金龙鱼分布在马来西亚雪兰莪州八丁燕带湖，马来西亚霹雳州安顺湖畔河域，印度尼西亚苏门答腊省廖内亚州北根岑鲁市马哈托河、芒哥河、江汝河、辛基基河、里特河、尼洛河等区域，分布范围比过背金龙鱼更广。苏门答腊岛出产的红尾金龙鱼一度较为出名，以致于红尾金龙鱼一度被称为苏门答腊金龙鱼。

青龙鱼分布最为广泛，柬埔寨、泰国、老挝、马来西亚、缅甸等许多东南亚国家，以前都发现过野生的青龙鱼。

亚洲龙鱼栖息于湖泊及与之相通的河流，繁殖期在挺水植物丰富的浅水区活动，非繁殖期白天栖息于深水区，夜间到浅水区觅食，主要捕食对象为昆虫、小鱼、甲壳类等，自然界中每年 10 月底至翌年 3 月初为交配期，3~4 周岁初次性成熟，初次成熟个体全长约 50 厘米，体重 1.2~1.5 千克，雌鱼怀卵量 30~60 粒，卵子微椭圆形（接近圆球形），卵径 1.4~2 厘米，6 岁以上的大个体其怀卵量达 60~80 粒。繁殖时雄鱼将鱼卵含在口中孵化，孵化期约 60 天，孵化后雄鱼会在仔鱼附近看管，遇到敌害来袭或惊吓时，亲鱼会将仔鱼含在嘴里直至危险过去。这样的保护行为会一直维持到仔鱼能自行觅食为止。

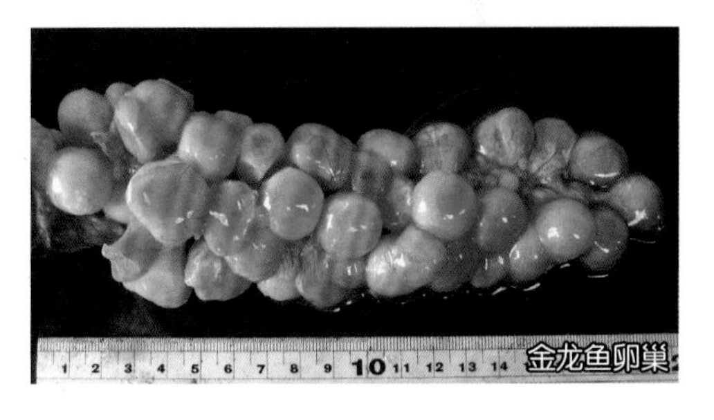
金龙鱼卵巢

（六）巨骨舌鱼

巨骨舌鱼分布于亚马孙流域，主要栖息地在亚马孙河的干流，巴西、玻利维亚、厄瓜多尔等地也有分布，是 CITES《附录 II》的保护物种，属于限制贸易种类，目前数量及个体大小均呈下降态势，现存野生鱼的数量据估计为 5

巨骨舌鱼

万~10万尾。

巨骨舌鱼是骨舌鱼科所有现存物种中最大型的，因此而得名，是世界上最大型的淡水鱼之一，资料记录的该鱼最大规格是全长2.6米，体重约180千克。现在该鱼最常见的规格是全长1.5~2米，体重100千克左右。

巨骨舌鱼身体为圆柱状，头部前端较平扁，身体后部稍侧扁。头部骨骼由游离的板状骨组成，口大，无须，无下颌骨，舌上有坚固发达的牙齿，有特殊的鳃上器。鳔四周富有血管，内表呈蜂窝状，具一定呼吸功能。鳞片大且硬，呈镶嵌状。背鳍和臀鳍位于体的后部，互为相对。胸鳍位低，腹鳍位腹部之后。尾部因背鳍与臀鳍接近尾鳍而致外形钝圆。体灰绿色，背部颜色深，腹部较淡，尾鳍及体后部红色。

巨骨舌鱼以鱼、虾、蛙类为食，适应水温为22~32℃，适宜pH 6~7，生殖季节挖穴产卵，一般是在沙质底挖一个约15厘米深、50厘米宽的坑穴，卵产于穴中，雄鱼护幼2~3个月，等幼鱼能独立生活后才离开。1—5月为产卵期，约16万个卵分数次产下，卵约5天就可孵化。繁殖季节雄鱼的尾部为鲜红色。保护卵及刚刚孵化的幼鱼主要是雄鱼的责任，而雌鱼也会在附近游动，驱赶靠近的其他动物，协助雄鱼保护幼鱼。

非洲黑龙鱼

（七）非洲黑龙鱼

非洲黑龙鱼学名尼罗异耳骨舌鱼（*Heterotis niloticus*），属骨舌鱼科异耳鱼亚科，我们认识的鱼当中和它最接近的是同属异耳鱼亚科的巨骨舌鱼。

原产于非洲第一大河、世界第二（也有说是第三）大河尼罗河，原始栖息地是尼罗河中上游。

该鱼体型与巨骨舌鱼类似，头较圆，躯干前半部分圆筒形，往后宽度缩小，逐渐侧扁。体色为深咖啡色，有时因适应环境而转为暗绿色、浅黄色或米色。嘴小，无须。胸鳍与腹鳍同样大小，背鳍、臀鳍位置在身体后半部，尾鳍小呈圆形。鳞片较小，无花纹。侧线有32~38枚鳞片，侧线下6枚，侧线上4枚，鳃盖后缘有一黑斑。有鳃上呼吸器，能直接呼吸空气，补充水体溶解氧的不足。已知天然最大个体长1米，重6千克。外形与我国常见的食用鱼乌鳢比较相像。

非洲黑龙鱼喜弱酸性至中性水质，适宜水温23~32℃，杂食性偏动物食性，主要摄食水体中下层的小型动植物，包括各种蠕虫、昆虫的幼虫、小鱼虾，甚至还吃水草和植物果实（有人认为它们是吃浮游生物和小虫）。它以筑巢产卵的方式繁殖，筑巢的材料是树枝和水草，繁殖期间卵产在鱼巢里，雌雄亲鱼轮流守卫。

2 亚洲龙鱼的养殖

亚洲龙鱼是最昂贵的观赏鱼类，特别是其中的过背金龙鱼和辣椒红龙鱼，价格常在万元以上，养殖者不能掉以轻心，另外，亚洲龙鱼也是对环境比较敏感的鱼类，食物、水质、水温以及空间的声光等物理因素都会对它们的生存状态产生影响，所以在动手养殖它们之前，应该对养殖技术和相关因素有充分的了解。

在 20 世纪末 21 世纪初亚洲龙鱼成批量地进入中国的初期，亚洲龙鱼对于中国人来说充满神秘感，据说这些比恐龙还古老的家伙，随便一条就超过一个普通中国工薪阶层人士的年收入，没有几个人敢轻易尝试请回家去。对于它的养殖技术，人们因为不了解而畏惧，观赏鱼爱好者们都坚信并且传言其养殖难度之高冠绝古今。

但是数年之后，越来越多的龙鱼涌入中国市场，特别是红尾金龙鱼和青龙鱼这些价格相对便宜的亚洲龙鱼上市，越来越多的中国人尝试了龙鱼的养殖。窗户纸被捅破，神秘的面纱被揭开，越来越多的人说：养亚洲龙鱼一点都不难。

到底养龙鱼是难是易，只有做过的人才有发言权。事实上，我们不难发现有这样的趋势，那就是，说龙鱼不难养的人越来越多了。客观地说，养活亚洲龙鱼并不太难，但是要使你养殖的亚洲龙鱼表现完美，越养越漂亮，体型完美、发色充分，还对主人有亲善的依恋，并不是轻易能够做到的，你需要好好下一番功夫，去研究它们的自然需求，满足它们的自然需求。

一、器具和水质

（一）器具

不管养哪种观赏鱼，首先都要准备好设备，亚洲龙鱼是如此名贵，更要在放养前做充分的准备。

要想养好亚洲龙鱼，配备适当的水族器材是十分必要的。水族器材的必需程度依次是：

（1）容器：家庭养殖龙鱼的容器都是玻璃鱼缸，而且一般采用有盖鱼缸。

（2）增氧设备：属绝对必需，但有时鱼缸附属的净化系统也同时具备增氧功能，比如循环用的水泵是抽水增氧二合一类型的，就不需要专门的气泵来承担增氧任务。

（3）水质净化设备：对于龙鱼的养殖十分重要，几乎是必备的。

（4）照明设备：龙鱼缸一般都会配置照明灯管，灯管也属于必备设施。灯光的颜色对龙鱼的观赏有较大的影响，甚至有人认为光谱的范围对龙鱼体色会造成影响，因此一般展示龙鱼时一般都设有与之匹配的光源，比如红龙鱼一般会配红色光光管，而金龙鱼则常匹配紫色光。光源的位置在龙鱼养殖中也是有讲究的，一般情况下是设在水面以上，从上往下照射，但有时会把光源设在水面以下，比如紫色光源，会设在水中半高位置靠背板处。

（5）加温设备：在我国除海南岛南部以外的所有地方，龙鱼缸都必须配备加温设备，而目前最常用的加温设备是使用 220 伏单向交流电的自动控温加热棒。

（6）洗缸用具：缸是要经常擦洗的，但不一定非要用专门的工具，一块干净的布可以搞定一切。

（7）装饰品：看各人喜好自由选择。缸内装饰品的安全性是必须考虑的，不要使用连接电线的装饰品，也不要在缸内放置可能被鱼误吞的或者锋利、尖锐的硬物。

（8）其他用具：温度计、软式水管、量筒或量杯都是常用的工具。

各种器具都有型号规格，有不同的特点，下面我们就怎样选择适合养殖亚洲龙鱼的主要器具做一个简单的介绍。

1. 容器

亚洲龙鱼属于大型观赏鱼，成年个体体长超过 50 厘米，体重 1.5~2 千克，无疑是水族缸里的大家伙。而亚洲龙鱼有比较强的领域性，在鱼缸里同种必发生激斗，群养非常困难，通常采用一条亚洲龙鱼搭配少量个体稍小的其他热带鱼的养殖模式。一般的总放养量决定鱼缸的规格计算方法，即鱼缸容积（升）= 全部鱼总长（厘米），并不适合龙鱼的养殖。因为根据上述计算方法，单独放养一尾 50 厘米的鱼，需要的最小水体体积为 50 升，但实际上，这么小的水体体积是不可能养活一尾成年龙鱼的。

养殖龙鱼的缸只怕小，不怕大，鱼缸越大越好，但是从经济角度考虑，我们又希望尽量用小点的鱼缸。一般而言，鱼缸容量每增大 1 倍，价格要增加 3~5 倍。面对这样的矛盾，我们不得不建立一个底线：从水质控制和保持龙鱼良好体型和状态的角度考虑，亚洲龙鱼鱼缸的长度不得小于龙鱼全长的 2.5 倍，最好能达到 3 倍以上，宽度不得小于龙鱼全长，最好达到全长的 1.2 倍以上，而鱼缸的深度一般是 50 厘米左右，不要求随体长同比例增大。简而言之，龙鱼缸的规格是：长度≥ 125 厘米，宽度≥ 50 厘米，深度 50~60 厘米。

2. 水质净化设备

俗话说："养鱼先养水"，影响龙鱼养殖成败最重要的因素是水，准备器具时，必须充分考虑如何为龙鱼提供清洁、符合龙鱼生理要求的、水质良好而且稳定的养殖用水。要做到这一点，有效的水质净化系统是必不可少的。

鱼缸养殖观赏鱼采用的水质净化系统通常包括：上悬挂过滤槽式、缸内底生物沙过滤、缸内间隔生化球过滤、缸内过滤盒、缸外过滤桶、多间隔底柜过滤。

对于家庭用龙鱼养殖缸而言，上悬挂过滤槽式过滤系统是淡水观赏鱼养殖标准缸的标准配置，因此安装非常方便，但是这个过滤槽通常容积很小，水在其中的流程也很短，因此一般只能起到过滤固体物质的作用，生物净化能力很弱，另外，水经过过滤后从上面流回鱼缸造成水面较大的动静，会令亚洲龙鱼感到不安，因此不是龙鱼缸理想的配置。

缸内底生物沙过滤由底部管网、潜水泵和生物沙 3 个必需组成部分构成，管网和潜水泵的功能是保持鱼缸内水均匀循环，生物沙则起到过滤及消化分解有机污染物的作用，这种系统可以保持水质清澈达数个月之久而不需换水，最适合经常出差或业余时间很少的人使用。此种净化系统可用于家庭养殖亚洲龙鱼，优点是净化效果很好，缺点是为了防止鱼翻动底部的沙砾，需要在沙砾层上面加铺一层鹅卵石，而这些鹅卵石在一段时间之后会附生黑色的藻类，影响美观，鹅卵石间的缝隙还成为饵料鱼躲藏的庇护所，影响亚洲龙鱼的摄食。另外，沙砾之间会藏污纳垢，数个月要清理一次，此时往往要暂时移出缸里的鱼，至少 2~3 小时，龙鱼容易因此而受伤或受到惊吓。

缸内间隔生化球过滤是在鱼缸中用玻璃板隔出一个角或一段，底部悬空 1 厘米左右作为进水口，上部留空位 5~8 厘米作为出水口，进出水口装筛网或栅栏防止小鱼（比如饵料鱼）进入，或者上部不留空位，改为钻一个圆孔，让水泵出水管口从此处穿过，间隔内填充塑料"生化球"。也可以用气泵连接气石，气石置于间隔内带动水流。此种净化方式具有较强的生物净化功能，但欠缺物理净化作用，时间一长，水体内的悬浮污物会越来越多，影响美观，也不是很理想的龙鱼缸配置。

缸内过滤盒是一种比较简单的净化装置，工作方式与缸外过滤器类似，它以一个潜水泵连接一个装满过滤材料的盒子，水泵带动水流经过过滤盒，从而使整缸的水都得到净化，它的优点是安装使用方便，缺点是功效较低，并且占用一定的水体空间。如果鱼缸放养总量较少，空间比较宽裕，可以考虑采用这种净化方式。

即插即用的缸外过滤桶早已大量面市，此过滤桶使用方便，移动方便，缺点是要在缸外另占摆放空间。

家庭饲养龙鱼最理想的过滤方式是底柜过滤。底柜过滤方式是海水鱼软体缸（养殖活体珊瑚、海葵和海水鱼的缸）的唯一选择，因为它是所有过滤方式中过滤效果最好的。底柜过滤方式结构是这样的：在鱼缸底柜内是一个分隔成通常三大格的玻璃缸，这个玻璃缸的长和宽几乎占满整个底柜，高度为底柜内空间高度的 1/2~2/3，第一格为回流水进入区，其最上部铺几层比较密的白色化纤棉，用以滤去水体内的悬浮固体，在这些白色化纤棉的下面，可先铺几层黑色粗孔海绵，最下面铺除氨石或活性炭，如果需要调节水的酸碱度，可以用网袋装上调水树叶或碳泥或 ADA 泥搁在白色化纤棉上面。第一隔板是不贴底的，悬空 2~3 厘米让水从第一隔离区的各种材料经过后从底部进入第二格，第二格内填充生化环（玻璃烧结环），水质净化的核心内容及硝化反应就是在这里完成的，水从第二格上面溢流到第三隔，这一格主要是用来安放水泵的，水泵把经过处理的水抽回鱼缸。底柜过滤方式的优点是过滤能力强、过滤效果好、调节水质方便及隐蔽性好，不会占用缸内空间，不会对鱼缸的装饰美化造成妨碍。缺点是比较贵、旧缸加装需要由专业人员完成。

3. 照明设备

亚洲龙鱼鱼缸的光源一般包括水面以上和水下两种。水面以上通常是安装在鱼缸盖上的防潮日光灯，国内一般 1 米以上的大鱼缸都在缸盖内设有 2~3 套灯管座，人们通常在这些灯座上装 1 支红光管和 1~2 支全色日光管，养殖紫蓝底过背金龙鱼时可用蓝色或紫色光管取代红光管，一般采用的亮度相当于 20~30 瓦日光灯管。水下灯通常是一种单头的灯管，灯管座是绝对防水的，光色一般是红色或紫色，根据养殖对象的颜色选用，亮度切勿过大，相当于 5~10 瓦日光灯管即可。

4. 加温设备

现在热带鱼家庭养殖缸一般都采用自控温电热棒进行加温，其感应和加热的部件都在那根圆棒上，使用时必须使整个圆棒全部浸泡在水里。一般先设定好温度，再把圆棒部分放入水中，用吸盘固定好，再通电即可。龙鱼缸使用这样的加热棒要注意防撞击，是玻璃外壳的就要在外面套一个专用的塑料罩，是不锈钢外壳的就在底端套一个塑料罩头。自控温电热棒的功率配置有一定的要求，一般如果需要的水温与环境温度（周围的气温）相差不超过 15℃，每 2 升水至少配置功率为 1 瓦的加热棒，假设你的鱼缸蓄水 400 升，应该配置功率不少于 200 瓦的加热棒，为稳妥起见，最好是 2 根 100 瓦的，设置为同样的目标温度，这样，如果其中一根加热棒坏了，水温也不会下降太快，可以及时发现并更换。也有更保险的办法，就是用 2 根 200 瓦的，设置为同样的目标温度，即使有一根坏了，水温也不会下降，但是这样做也有缺点，就是有时坏了一根加热棒却不会及时发现，等另一根也坏了再发现就晚了。

5. 装饰造景

淡水观赏鱼鱼缸内饰有很多种类型，比如茂盛水草型、岩石景观型、草木原始型、简约型等，亚洲龙鱼体格较大，有一定的攻击性，一般或无内饰或采用简约内饰。如采用简约内饰，一般是用一棵枝杈相对简单的沉木，放置于鱼缸四六分的位置，沉木上可以固定一些水榕或铁皇冠草。

鱼缸放鱼前的准备程序是这样的：根据龙鱼的具体品种和规格、放置鱼缸的空间和环境选择适当的鱼缸→选定位置并先安放好缸底柜→浸洗清洁鱼缸→鱼缸外装饰，比如粘贴背景画纸等→安放增氧气泵（气泵的出气量和功率选择主要考虑养鱼的数量及鱼缸的容积）→安装净水设备、灯具、缸内装饰和造景→加水，曝气 2 天，或在水中加适量硫代硫酸钠除氯→启动净化设备→入缸前鱼体消毒，消毒可以用福尔马林、盐、络合碘、亚甲基蓝等→放入龙鱼。

（二）水质

亚洲龙鱼的水质要求是：总硬度（dGH）：1~8 dH°（1 dH°=17.6 毫克 / 升），酸碱度（pH）：5.5~7，溶解氧≥ 5 毫克 / 升，盐度范围 0~0.5%，水温：26~32℃。

实际上，总硬度及酸碱度的范围并没有科学实验的数据支持，是基于“越接近原产地的环境条件越符合鱼的自然需求”的观点，根据亚洲龙鱼原产地的水质条件进行的推论，总硬度和酸碱度超出上述范围的情况下亚洲龙鱼也能生存，但不是它们适宜的条件，对于它们的生长发育和发色都会有一定的不利影响。

最常用的水源是自来水，使用前需经过曝气、调温、调节酸碱度等处理程序。不要使用雨水、江河湖池等天然地表水，也不要使用未经检测或检测证明重金属含量过高或酸碱度不符合亚洲龙鱼要求的井水。

自来水是经过消毒的，一般是用次氯酸（俗名漂白粉）或二氧化氯作为消毒剂，因此自来水中会残存氯，对水中的任何生物都是有毒的，曝气的目的是让氯挥发掉，3 天时间就可以挥发得差不多了。如果急用水，没有足够的时间曝气，可以加入硫代硫酸钠（$Na_2S_2O_3$，俗称大苏打）以除氯，用量为 3~5 毫克 / 升。除氯和水温调节在水加入鱼缸之前完成，其他水质因素的调节可在水入缸之后进行，如果是少量补充水，通常不需专门的调节。

龙鱼缸水质的调节通常是在缸蓄水后、鱼放入前进行的，由于龙鱼并不要求很软很酸的水，所以通常采用简便而温和的调节办法。可以把“泥炭”（一种来自热带雨林的腐殖土）、ADA 泥用杯子装起，或者莫氏榄仁叶（有人称之为印度杏树叶）捆扎成一叠，置于过滤槽内完全泡在水中，鱼放入前 3~5 天启动循环系统，由于它们的浸出物都是腐殖酸类物质，酸性不是特别强，降低 pH 的速度不会太快，而且一般 pH 降低到 6 或 5.5 就基本停止下降，比较安全。同时这些有机酸也能与钙镁离子结合而沉淀，起到降低水的硬度的作用。上述增酸物质的用量是：每升水 0.5~1 克。

在放鱼入缸前，应将水温调好，一般以 28℃为佳。先放入水温表检查水温，如果当时气温低于 28℃则水温很可能低于 26℃，应将自动控温电加热棒的预设温度调到 28℃，将加热棒浸没在水体中下位置并贴壁固定，通电，当加热棒自动停止加热时检查旁边的水温表的读数与电热棒预设温度是否一致，如差距超过 2℃，如果水温表是确定准确的，应将加热棒断电后重新调整预设温度，再通电数小时后观察情况，直至确保水温稳定在 28 ± 2℃范围内，才可以放心使用。如果冬季水温始终达不到 26℃，就很可能是加热棒的功率不够，应换用更高功率的或者增加一根加热棒。一般来说，按 1 米长标准缸（容量应在 250 升左右）为例，环境温度不低于 15℃时，配备大约 250 瓦加热功率可达到所要求的水温，如果环境温度更低，则应该增加电加热棒功率。

调试控温装置的同时，可启动净化装置，即开启循环水泵进行过滤。在鱼进缸之前启动过滤系统，不应认为是一种浪费，因为这样做可以起到多种作用：一是检验设施运行情况，确保各种电器没有漏电情况、水泵正常工作，检验过滤盒或槽是否通畅；二是可以去除水中的悬浮微粒，使水更加清澈；三是调酸药物可以较快溶出有机酸，达到减低酸碱度的效果；四是有利于过滤材料上的微生态系统的建立——即硝化菌早日生长形成群落。

二、亚洲龙鱼的选购

挑选的对象主要是 15~20 厘米的幼鱼，挑选包含几项内容：对品种的甄别、对品质的判断、对健康状况的判断、成长前景的预判等。由此可以看出，挑选需要鉴赏能力，但挑选并不等同于鉴赏。本书后面章节将详细论述龙鱼的鉴赏，读者可以在挑选小龙鱼之前仔细阅读参详本节和后面章节。

亚洲龙鱼的幼鱼

（一）品种的甄别

亚洲龙鱼有多个品种，粗分有金龙鱼、红龙鱼、青龙鱼，其中前两种还各自细分出几个品种，而在这三个大品种之外还有人工培育的诸如紫艳、紫彤、超白金、超级红之类的品种。每一尾正式渠道进口的亚洲龙鱼都有一张 CITES 注册鱼场提供的身份证明，但是身份证明通常不会精确地写明其所属的小品种，比如只写金龙鱼、红龙鱼还是青龙鱼，而不会明确是辣椒红龙鱼还是血红龙鱼。在中国出售亚洲龙鱼的商人有时甚至不向客户提供其身份证明，或者有身份证明却不一定和那条鱼对得上，或者他们根本就不去扫描电磁芯片号码给你看，所以你需要凭自己的知识作出判断。

初级的判断即判别该鱼属于金龙鱼、红龙鱼还是青龙鱼，主要看鳞片和鳃盖的色泽，另外形态方面有微小的差别：如果鳞片和鳃盖的反光度很高，从腹部起 1~4 排鳞片（不一定整片，可以只是边缘）和鳃盖如同镀了金属一样，头顶略微有些弧度，胸鳍的长度刚刚达到腹鳍基部，那应该是金龙鱼；如果鳞片和鳃盖的反光度没那么高，而后三鳍和嘴唇带有鲜红的颜色，头比较尖，头顶平直，那应该是红龙鱼；如果鳞片没有明显的金属光泽，后三鳍呈比较淡的黄色，不鲜艳，头部相对于红龙鱼显得比较圆，那多半是青龙鱼了。

（二）品质判断

品质的判断包含的主要内容：各品种共同品质判断标准、各小品种的特征和审美取向。

1. 各品种共同的品质判断标准

（1）体型：背部平直，从胸鳍起点至臀鳍起点腹部下缘平直且与背部平行，俯视左右对称，背的宽度适中，身体各部分比例适中，没有畸形。

（2）泳姿：无障碍物时游泳轨迹是直线，游泳时身体平稳，不会左右摇晃或走曲线，游到鱼缸尽头时胸鳍平展，姿势优雅。

（3）活力：多数时间在鱼缸中上层巡游，绝少静止不动，更没有待在缸底或水面的情况。

（4）头部：比例适中，轮廓线流畅自然，额头平整绝无坑坑洼洼的情况，头背面、眼周围及鳃盖上不可有小孔（这些小孔是头洞病的特征）。

（5）眼睛：明亮，左右视线同在一个水平线（当然下视的情况在幼鱼极其罕见），眼睛大小比例适中（大眼睛是龙鱼的特征和看点之一，但是过大的眼睛却是“老头鱼”——年龄大而体格没长大的特征）。

（6）嘴：上下颚咬合严密，没有下颚过长的情况。

（7）须：挺直，基部较粗，越往末端越细，两须等长。

（8）鳃盖：鳃盖表面平坦，绝无塌陷下凹的现象，颜色符合品种特征，鳃盖膜外缘弧线自然，贴合身体，无外翻（翻鳃是龙鱼成鱼常发生的畸变，幼鱼罕见）。

（9）鳍：胸鳍前缘鳍梗平直，末端略内弧，长度至少达到腹鳍基部。后三鳍无缺损，无折断痕迹，大小与身体比例适中（红龙鱼鳍大些更好），舒展，颜色符合品种特征，鳍梗直，间距均匀，鳍膜完整，外缘曲线流畅自然。

（10）鳞片：侧线清晰流畅无中断，鳞片紧密、贴身，排列有序，颜色符合品种特征，后三鳍基部小鳞片紧密、整齐。

2. 各小品种的特征和审美取向

（1）过背金龙鱼：体型比红龙鱼粗壮、比红尾金龙鱼修长，与同样体长的红龙鱼比较，金龙鱼的体高略大些，体宽也略微大些，头顶从头背交界处向吻端略微有些弧度。胸鳍的长度刚刚达到腹鳍基部，胸鳍仅仅能达到腹鳍基部，尾鳍扇形。15~20 厘米的幼鱼第四排鳞片的金质应基本完成，其鳞框、亮度、金质覆盖的比例应与 1~3 排鳞片相似，第五排鳞片及背鳍基部的小鳞片开始有了金质，小鳞片的金质越多代表着将来第六排鳞片金质的表现更好。

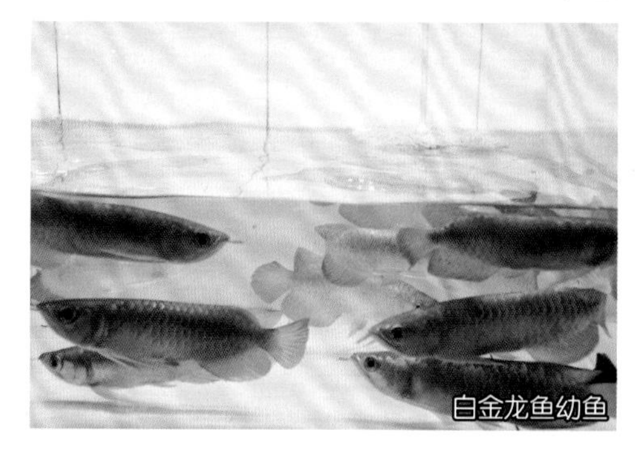
白金龙鱼幼鱼

白金龙鱼的幼鱼在金质方面表现优异，可以作为过背金龙鱼的优秀代表。

细框过背金龙鱼和粗框过背金龙鱼是过背金龙鱼的两个主要分枝，细框过背金龙鱼的金质鳞框在成年鱼身上像鳞片包了一圈金边一样，幼鱼时鳞框还只是线状，这条金线没有中断，光泽度高，同时有细小的金点向鳞片里面发展，第四排以下的鳞片的金线越一致越好，底色蓝色、紫色或绿色，越深越好。粗框过背金龙鱼幼年时鳞框不明显，鳞片的金质从边缘到中间可能没有清晰的界线，总的来说是金质越亮越好，底色金黄或绿色的为好，如果头部的金质已经发展到鳃盖以外，特别是向头顶部发展，那就很有可能发展成为金头过背金龙鱼。

（2）红尾金龙鱼：体型比过背金龙鱼和红龙鱼都要粗壮。胸鳍和尾鳍的下 2/3 部分红色，越鲜艳越好，金质只能到达第四排鳞片，而且金质的覆盖不完全。整体的亮度不及同样规格的过背金龙鱼，底色比过背金龙鱼淡。

（3）辣椒红龙鱼：体型修长，比过背金龙鱼和血红龙鱼都更显修长。胸鳍和后三鳍都比较大，胸鳍末梢超过腹鳍基部。从吻端至背鳍起点几乎呈一条直线，或者吻略微上翘，头顶略呈汤匙形。尾鳍中间部分较长，尾鳍侧面观近似火焰形，各鳍透明带有淡淡的红色，后三鳍较为鲜艳。幼年时 1~4 排鳞片为白色带有比较强的金属光泽，鳞片边缘出现红色的细鳞框。鳞片下投射出的底色以翠绿为佳。

红尾金龙鱼

辣椒红龙鱼幼鱼

（4）血红龙鱼：体型介于辣椒红龙鱼与金龙鱼之间，吻部没有辣椒红龙鱼那么尖，尾鳍形态介于辣椒红龙鱼与金龙鱼之间，小鱼的鳍颜色没有同规格辣椒红龙鱼鲜艳，身上接近银白色，几乎看不到一点红色。一般认为，小鱼身上发色越早越好，但是也有一些行家认为，过早发色的血红龙鱼成长的潜力较小，即将来长不到很大的规格。

血红龙鱼幼鱼

（5）一号半红龙鱼：体型及尾鳍形态都与血红龙鱼类似，鳃盖基本没有红色印块，身体光泽不强，体色与青龙鱼类似，后三鳍是橙色的底色带青灰色纹理，色质越浓越好。

（6）黄尾龙鱼：体型体色与青龙鱼类似，后三鳍黄色。鳍的色质越浓越好。

（三）健康状况的判断

正常的亚洲龙鱼一般是在鱼缸中上层匀速巡游，泳姿平稳，未遇到障碍物时运动轨迹基本是直线。正常巡游的亚洲龙鱼多半是健康的，如果游泳不正常，从它的状态看不正常的程度：转圈游泳有可能是体轴不正或一侧的器官（眼睛、鳍、尾部肌肉等）有问题；焦躁的串游往往是寄生虫病的表现；静止地腹部贴底但身体正常直立，情况不是很严重；如果躲藏在缸底一角比较隐蔽或阴暗的位置，它的心理健康有问题，是否有器质性病患需进一步检查；如果在水面靠边或角的位置，呼吸较急促或呼吸频率过低，说明情况比较严重；身体侧卧失去平衡，说明情况非常严重，切不可购买。

在不便观察游泳状态的情况下（比如水浅、养殖密度大等），健康状况的检查和判断主要看身体表面是否有明显的伤痕或炎症病灶、身体表面是否光滑、身体上有没有多余的东西、身体的光泽度是否正常、粪便是不是正常的形态、肛门是否有红肿突出或者黏液、呼吸频率是否正常、眼睛是否明亮、皮下特别是尾鳍基部和臀鳍基部是否有充血等。

选购亚洲龙鱼除了要考虑鱼的品质和健康状况外，还涉及一些其他的因素，首先是鱼的来源要清楚和合法，鱼场证明和鱼体内的芯片缺一不可，不然不但品质没有保障，还涉嫌违法。其次，购买者还应该考虑自己的养殖技术有多大把握、自己的经济能力（能够承受死鱼的打击），如果养殖技术不是很娴熟，没有很大的把握，建议从养殖青龙鱼、黄尾龙鱼或红尾金龙鱼开始，这几个品种在亚洲龙鱼中属于较便宜而且适应能力较强的。

三、适合和亚洲龙鱼混养的观赏鱼

亚洲龙鱼有领域性，喜欢霸占“地盘”，一个鱼缸还没一条龙鱼想占的地盘大，所以一个鱼缸无法容纳两条同类，即使是雌雄各一，即便是同父母的亲兄弟姐妹。小龙鱼刚刚离开父亲的保护的时候，还是一窝同胞一起活动、觅食的，但是长到 15 厘米左右，就开始闹“分家”了，而 20 厘米的亚洲龙鱼，几乎见面就打，无法共存。但是一个鱼缸才养一条鱼未免太单调，而且对这条龙鱼来说，生活实在过于乏味，这样养鱼未免太残忍。另外，尽管亚洲龙鱼很漂亮，一个黑漆漆的大鱼缸里只有这么一点亮点，美化家居环境的效果恐怕无法体现吧。幸好，这些与同类“不共戴天”的“孤家寡人”，还能容忍一些异类。

适合和亚洲龙鱼一起养的观赏鱼，主要是慈鲷科（即丽鱼科）、脂鲤科、鲇形目等之中的部分个体较大、性格既不怯弱也不残暴的种类。

（一）清道夫

清道夫

清道夫学名下口鲇，又名琵琶鱼、垃圾鱼、吸盘鱼，原产于亚马孙流域各水系，体形呈半圆筒形，前宽后窄，尾柄细小，背部隆起，腹部平坦，腹部柔软无鳞，其他部位覆盖盾鳞，这些盾鳞不但紧密相连质地坚硬，还有许多棘刺突出，其胸鳍棘刺粗大，背鳍高耸。这一身装备为其提供了强大的防御能力，使它几乎不畏惧水中的任何攻击。

该鱼生活于水体底层，以底栖生物、附生藻类、有机碎屑为食，在鱼缸中被赋予清理残渣剩饵、缸底缸壁附着物的职责。龙鱼养殖缸一般都会搭配养殖 1~2 尾清道夫，以帮助保持鱼缸的清洁，减少清理鱼缸的人力投入。

清道夫腹面观

配养于亚洲龙鱼缸的清道夫最好挑选花纹比较清晰的，以便增加一点美感，另外，规格应控制在全长相当于龙鱼全长的 1/2~3/5，有利于彼此的安全，因为龙鱼有时会尝试吞食比较小的清道夫，这时会卡在嘴里，吞不下也吐不出，而较大的清道夫也会在龙鱼身体不适的时候乘机对它发起攻击，吸食其体表黏液，破坏其黏膜和皮肤。

（二）鹦鹉鱼

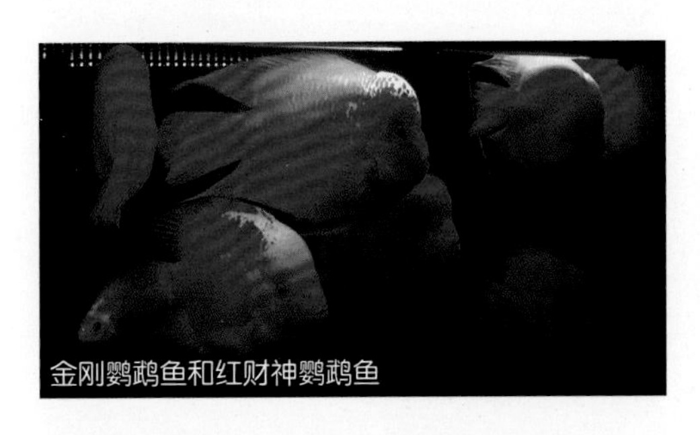
金刚鹦鹉鱼和红财神鹦鹉鱼

鹦鹉鱼是橘色双冠丽体鱼（红魔鬼）和锦腹丽体鱼（紫红火口）人工配对杂交繁育出来的杂种一代，它有 4 个品种，即血鹦鹉鱼、元宝鹦鹉鱼、红财神鹦鹉鱼、金刚鹦鹉鱼。血鹦鹉鱼体形卵圆，肉色，经投喂增色饲料而全身显现鲜红色，头小吻钝，嘴小“V”形不能合拢，游动略显笨拙，最大个体 16~17 厘米。元宝鹦鹉鱼侧面观为圆形，体宽为体高的 1/4~1/3，头小吻钝，但上下颚能咬合，口裂呈“一”字形，常见商品规格为 20~22 厘米。红财神鹦鹉鱼体型与元宝鹦鹉相似，头稍大略隆起，嘴型略有不同，常见商品规格为 25~28 厘米。金刚鹦鹉鱼体型侧扁，体高与体宽的比例与元宝鹦鹉类似，但额头呈公鹅状隆起，身体前部较高而背鳍往后高度明显缩小，体型比其他鹦鹉鱼都大，常见商品规格 30 ~35 厘米。

鹦鹉鱼体格健壮，杂食性，颗粒饲料和鱼虾肉都吃，但一般没有攻击性，即使对其他比自己小一半的鱼也不会主动攻击，生性大胆，不易受惊。本身是一种喜欢成群活动的鱼，也能和许多其他种类的观赏鱼混养。适宜 pH 6~8，水温 24~32℃。

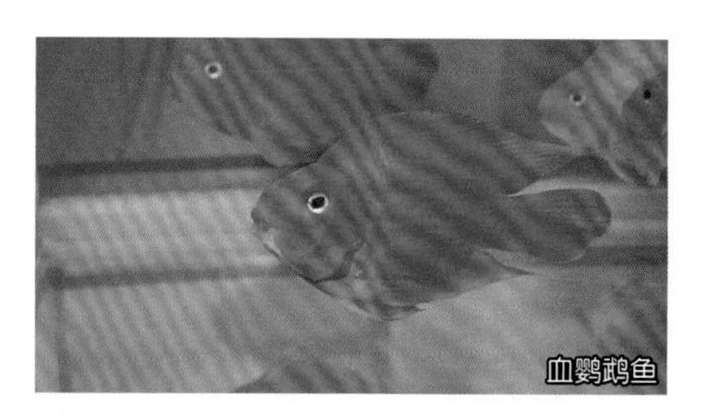
血鹦鹉鱼

选择鹦鹉鱼与亚洲龙鱼混养时，要注意二者规格相协调，一般以鹦鹉鱼的全长等于龙鱼全长的 1/2~2/3 为宜，但这不是绝对的，只是从美学观点出发，这样的比例比较协调而已，更小一点的鹦鹉鱼和龙鱼混养也能相安无事，比如 50 厘米左右的亚洲龙鱼，混养 10 尾 15 厘米左右的血鹦鹉鱼也不错。鹦鹉鱼混养于龙鱼缸是不限定数量的，只要别让它们抢夺了龙鱼的光彩，造成主次颠倒或者没有主次的局面，也别让太多的鱼制造的污染超出净化系统的工作能力。

红龙鱼和鹦鹉鱼

（三）丝足鲈

丝足鲈属于鲈形目丝足鲈科，有所谓红招财、金招财（另一俗名为战船）两个品种，前者体色为铁灰色，尾鳍后部鲜红，后者全身为象牙色至肉红色。该鱼原产于东南亚，主产地为加里曼丹岛，在东南亚一些地区作为食用鱼养殖已有一定的规模。

红招财

该鱼体型侧扁，体高、背宽、肉厚，侧面观近似椭圆形，头小，吻端突出，口裂大、下颌突出、上颌小，眼距比较宽，头顶隆起，雄鱼尤其突出，腹鳍特化成丝状，末梢可达到尾柄起点，臀鳍大，起点于身体前 1/3 的位置。头内鳃部上方有迷宫状辅助呼吸器，能通过直接呼吸空气弥补水体溶氧的不足。

金招财

丝足鲈属热带鱼类，最低临界温度为 12℃，生长温度为 19~32℃，最适生长温度为 26~30℃，适宜 pH 6~8，对硬度和盐度适应范围广，抗低溶氧能力强。杂食性，幼鱼偏动物食性，成鱼偏植物食性，是观赏鱼当中罕见的摄食水草的鱼类，鱼缸中养殖一般投喂颗粒饲料。

该鱼生长迅速，一年可长到全长 25~30 厘米，体重 200~500 克，两年可长到全长 45~50 厘米，体重 1~2 千克。

该鱼与亚洲龙鱼混养，体长应比龙鱼略小，品种为红招财和金招财都可以，一个缸只能养 1 尾，具体选择红招财还是金招财主要考虑与缸内其他鱼的配色，以及鱼主自己的喜好，如果养殖底色较深的亚洲龙鱼，搭配红招财好些，养殖很鲜艳的红龙鱼，可以考虑搭配金招财，主要原因是龙鱼缸应该以龙鱼为观赏焦点，搭配的鱼尽量不要抢戏。

丝足鲈作为龙鱼搭配品种的好处是，与龙鱼能和平共处，对水质水温的适应范围比龙鱼更广，所以只要管好龙鱼就行，不需要对它再进行特别的照顾。喂食时，如果想节约成本，可以先投颗粒饲料喂饱丝足鲈，再投鱼虾虫等喂龙鱼。

（四）淡水魟鱼

珍珠魟

黑白魟

淡水魟鱼包括豹点河魟（俗名黑白魟）、南美江魟（俗名珍珠魟）、江魟（俗名帝王老虎魟）等多个种类，原产于亚马孙流域，体形扁平如圆盘状，中心隆起，有一条细长（一般长度略大于盘径）且长满刺的尾巴，最大个体盘径可达 80 厘米，眼睛突出于体盘前部，口位于前腹部，背部黄褐色、深褐色、灰色或黑色，不同种类有不同的点状或圈状斑纹，底栖，肉食性，喜食小鱼虾，生殖方式为卵胎生，雄性有腹鳍特化而成的交配器。

该鱼对水质要求严苛，适宜 pH 6~8，溶解氧≥ 5 毫克 / 升，氨氮≤ 0.1 毫克 / 升，亚硝酸盐≤ 0.01 毫克 / 升，对酸碱度及氨氮的变化非常敏感。适宜水温为 23~32℃。

与亚洲龙鱼混养，是养殖淡水魟鱼常常采用的混合方式，因为淡水魟鱼体形平扁，体色偏暗，而且基本在缸底活动，如果没有鱼与它混养，整个鱼缸基本没有色彩，而且空荡荡的，一派肃杀凄凉的情景，对养殖者的情绪、对整个养殖空间环境的格调，只怕有消极的影响，实在不宜提倡，而亚洲龙鱼有比较明亮的色彩，而且侧扁的体型对于增加空间饱满度有比较大的视觉效果。龙鱼缸混养淡水魟鱼，也同样因为龙鱼活动于水的中上层、魟鱼活动于水底而使空间更加平衡，饱满度增加。另外，由于对水质的要求二者趋向类似而魟鱼更加严苛，无异于魟鱼成为龙鱼缸水质的指示剂和挡箭牌，对龙鱼是大有好处的。

龙鱼缸搭配养殖魟鱼，有时是出于一个比较低俗的想法，即淡水魟鱼市场价格比较高，有的品种甚至比龙鱼贵，所以它们“配得上”亚洲龙鱼。

采取这种混养方式时，管理方面要注意几个方面：首先，鱼缸内部尽量不要有装饰物，以免妨碍魟鱼摄食或增加其擦伤、划伤的可能；其次，二者的规格（龙鱼的体长和魟鱼的盘径）要比较接近；其三，魟鱼以 2~3 尾为好；其四，投喂饲料需注意避免两种鱼争抢，比如先投入解冻的鱼肉，过几分钟再投入龙鱼爱吃的虾或虫子。

（五）泰国虎鱼

泰国虎鱼学名小鳞拟松鲷，是这一类鱼的代表，近缘种类还有印度尼西亚虎鱼和几内亚虎鱼。该鱼原产于东南亚，据说是一种河口型鱼类。

泰国虎鱼

泰国虎鱼体型侧扁，肉厚，头尖，吻突出，背鳍两段相连续，前一部分为硬棘，后一部分为软鳍，鳞片小，体色黄褐色，有 4~5 条比较粗的黑色竖纹，酷似老虎皮，最大个体全长达 50 厘米，体高达 35 厘米，体重近 3 千克。另两种虎鱼体型相同，但条纹没有泰国虎鱼清晰和宽大，远没有泰国虎鱼漂亮，价格也便宜不少。

该鱼为肉食性，主要食物为小鱼虾。适宜水质为弱酸性至中性，硬度中等，耐较高盐度，适宜水温 25~30℃。

泰国虎鱼是最早在龙鱼缸搭配养殖的品种之一，起初或许是取“龙腾虎跃”之意，寓意充满活力，而实际上，这两种鱼在鱼缸里不但不会龙争虎斗，还能一动一静（泰国虎鱼比较不爱动）相映成趣，颜色也比较协调，所以后来几乎成为经典搭配。

亚洲龙鱼缸搭配泰国虎鱼一般也是一对一，当然，不妨碍搭配其他种类，这尾泰国虎鱼应该体重比龙鱼略小（只能估计啦）。水温、水质管理只需考虑亚洲龙鱼的要求，喂食主要喂活鱼，去掉头的虾也可以，亚洲龙鱼厌食的时候考虑喂一些蜈蚣蟋蟀之类。

（六）飞凤鱼

飞凤鱼学名旗纹真唇脂鲤，又名美国旗鱼，属脂鲤科，有金飞凤和银飞凤两个品种，原产地在亚马孙流域。体型侧扁，头部比较大，头宽与体宽相当，嘴扁平，口内有细细的牙齿。鳞片银白色，亮度较高，背部透出黄褐色的底色，胸鳍无色无花纹，腹鳍鲜红，背鳍和尾鳍都比较大，背鳍、臀鳍、尾鳍各有数条黑色粗条纹，尾鳍和臀鳍黄橙色的是金飞凤，白色的为银飞凤。

金飞凤鱼

该鱼为藻食性，主要食底栖附生藻类、水草等，喜食人工饲料。适宜中性至弱碱性水质，硬度中等，适宜水温 24~30℃。性情温和，喜欢群游，最大个体全长 40 厘米。

因龙凤呈祥、龙飞凤舞的美好寓意，飞凤鱼很早就被作为龙鱼缸的搭配品种，一个养殖亚洲龙鱼的缸里可搭配 1~5 尾飞凤鱼，个体规格以略小于主角龙鱼为宜。

“龙凤呈祥”鱼缸的水质以中性或略微偏酸性为好，投喂最好先用颗粒饲料喂饱飞凤鱼再喂龙鱼，因为飞凤鱼虽不吃活鱼，但虾肉也会吃的。

（七）皇冠九间鱼

皇冠九间鱼

皇冠九间鱼学名六带复齿脂鲤，又名美国九间鱼，属脂鲤科，分布于非洲的刚果河与安哥拉河，背部有两个鳍，前中部一个正常的由鳍条组成的鳍，后部一个小的脂鳍（也可称肉鳍，无鳍条，由脂肪质构成，这是脂鲤科的特征），大中型鱼，最大成年个体全长达 70 厘米，常见个体 30 多厘米，体形为梭子形，头小吻小，身体底色为黄褐色至橘黄色，腹鳍、臀鳍、尾鳍都比较鲜艳，接近红色，体侧有 6 条黑色竖纹。

该鱼属杂食性鱼类，喜好食甲壳类、昆虫、蠕虫及植物碎屑。适宜水质 pH 6~7.5，硬度中等，适宜水温 22~28℃。性情温和，没有攻击性。在龙鱼缸搭配养殖 1~3 尾较常见，管理方法与飞凤鱼类似。

（八）蓝鲨

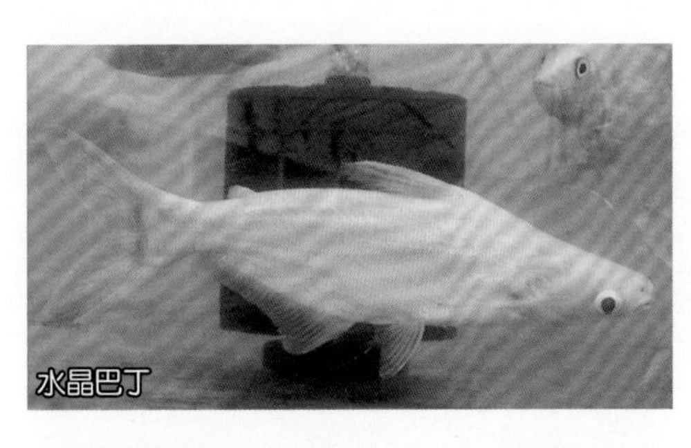
水晶巴丁

蓝鲨学名苏氏圆腹鱼芒，俗称淡水鲨鱼、巴丁鱼，属鲇形目鱼芒科，主要分布在东南亚一带，原产于马来西亚、泰国等地。形态与中国常见的鲶鱼、黄颡鱼相似，无鳞片，头扁，嘴阔，背部隆起，胸鳍硬棘张开，游泳姿态如同鲨鱼一般，气势非凡。背部灰色带蓝色反光，腹部灰白色，底栖，杂偏植物食性，喜食水草和颗粒饲料，适宜 pH 6~7.5，适应水温 20~34℃，最适宜水温 26~30℃。大型鱼类，最大个体全长可达 1 米，体重达到 10 千克以上，但性情温和，适合与其他观赏鱼混养。

该鱼有多个品种，有眼睛红、皮肤白里透红的称为水晶巴丁，还有嘴和各鳍橘红色的红巴丁，同样可以作为亚洲龙鱼的搭配养殖品种。

龙鱼缸中搭配养殖蓝鲨等淡水鲨鱼，一般搭配的数量不超过 3 尾，可以是不同品种，比如蓝鲨加水晶巴丁鱼，一般是龙鱼规格大于 20 厘米才考虑搭配，因为蓝鲨一类生长速度很快，第一年就可以长到 40 厘米，体重超过 1 千克，虽然这种规格也不会威胁龙鱼的安全，但是龙鱼缸，特别是养殖亚洲龙鱼的鱼缸，应该以龙鱼为中心，养殖其他比龙鱼体型更大的家伙，抢夺“眼球”，主次颠倒，不是龙鱼养殖者所希望见到的。成年的龙鱼缸里，搭配养殖的蓝鲨一类鱼，规格以全长 30~40 厘米为好，当它们成长到超过龙鱼的规格时，建议更换小一些的。

搭配养殖蓝鲨等淡水鲨鱼的龙鱼缸，水质以中性或略微偏酸性为好，水温以 26~28℃为佳，投喂最好先用颗粒饲料喂饱蓝鲨（或其他淡水鲨鱼）再喂龙鱼。

（九）红尾鲇

红尾鲇俗称红尾猫、狗仔鲸，属鲇形目鲿科，在亚马孙流域广泛分布，是一个著名的、广受欢迎的大型热带观赏鱼，最大个体体长超过 1 米，体重超过 10 千克。

红尾鲇

该鱼体型类似我国常见的鲇鱼：无鳞，有侧线，有须 3 对，1 对在嘴上部，2 对在下颌，嘴宽扁，向后逐渐升高，第一背鳍前缘达到最大高度，头部之后体宽逐渐收窄，有 2 个背鳍，前一个为正常背鳍，包括硬棘和软鳍条，后一个背鳍为肉鳍，头顶与背部灰黑色或黄褐色，下颌、体侧中心纵带为象牙色，腹部有的与下颌颜色相同，有的与背部颜色相同，尾鳍幼年时为象牙色，长大后为鲜红色，背鳍外缘和胸鳍前缘为橘红色。

该鱼为腐食兼肉食性，主要食物为水生动物尸体及活体。栖息活动于水体底层，适宜水质为弱酸性至中性，适宜水温 25~30℃，耐缺氧。

龙鱼缸搭配养殖红尾鲇，一般一缸养一尾，放养的个体应比龙鱼小些，当红尾鲇长到比龙鱼还大时，最好换一尾小点的。水质以中性或略微偏酸性为好，水温以 26~28℃为佳，投喂最好先用冰鲜鱼肉喂完红尾鲇再投喂龙鱼爱吃的虾肉或者活鱼，否则龙鱼可能要挨饿。

（十）其他类

适合与亚洲龙鱼混养的鱼还有银龙鱼、菠萝鱼、罗汉鱼、皇冠三间鱼、泰国鲫、虎纹刀等数十种，除银龙将在下一章详细叙述外，其余种类将不再详述，其搭配在龙鱼缸养殖的具体操作方法可参考前面的近似种类。

红点菠萝鱼

花罗汉鱼

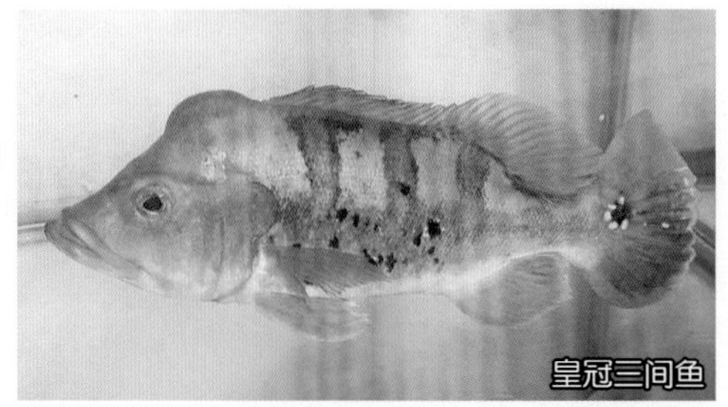
皇冠三间鱼

四、幼鱼的养殖

（一）鱼苗培育

亚洲龙鱼的幼鱼阶段一般是指从鱼苗卵黄囊消失开始摄食起一周年内，这当中又可被分成两个阶段。第一个阶段是从卵黄囊消失到全长 15 厘米，第二阶段是 15 厘米到 35 厘米。这样划分主要是因为两点理由：一是 15 厘米一般是龙鱼鱼场出口销售的起点规格，二是从 15 厘米开始，小龙鱼开始打斗，不适合群养了。

近几年来，随着亚洲龙鱼生产能力的大幅度增加，销售竞争加剧，很多龙鱼繁殖场不会等小龙鱼长到 15 厘米才往外卖，国内经营亚洲龙鱼的鱼场、观赏鱼商家也有比较多的机会养殖 15 厘米以下的小龙鱼，因此有必要对这一阶段的养殖技术也予以介绍。

根据我们的亚洲龙鱼生长实验，卵黄囊刚刚吸收完毕的幼鱼，体重 5~6 克，体长 6~8 厘米，全长 8~10 厘米，养殖 12 个月后，体重 500 ± 50 克，体长 32 ± 3 厘米，全长 37 ± 5 厘米。第一年体重与体长的关系大致符合 $W=aL^b$（b=2.8~3.15），b 值接近 3 说明亚洲龙鱼的体长、体高、体宽的增长基本是同比例的，也就是说，亚洲龙鱼出生后一年内，体型没有明显的变化。而生长速度的研究表明，前 5 个月生长速度较慢，满 5 个月时体重仅 100 克，体长约 20 厘米。之后，生长速度明显加快，这可能与当时提取研究数据的实验中养殖方式恰好在满 20 厘米才由群养改为单养有关，如果早一点开始一尾鱼一缸的单养，也许生长速度的加快会出现得更早。但是不管怎样，同比例增长以及一年长到全长接近 40 厘米，是龙鱼专家公认的生长规律。

从卵黄囊消失到全长 15 厘米，这个生长阶段一般采用群养的方式（群养至 20 厘米也常见），放养的原则是一个鱼缸只能养同一窝鱼苗，如果鱼苗长大到一个鱼缸养不下了，再分成两个鱼缸养殖，不能把不同窝的鱼苗养在同一个鱼缸里。亚洲龙鱼一般每窝 20~50 尾鱼苗，30 尾左右居多，为管理方便，最好用 400~500 升的玻璃鱼缸，水深 40 厘米左右，长 1.8~2 米，宽 50~60 厘米，采用循环过滤的净化方式，最好是每个缸单独循环，多个鱼缸共用一个循环过滤系统也可以。鱼缸加盖，以防鱼跳出缸外，鱼缸安放的位置要避免阳光直射，不同品种或养殖者对龙鱼的颜色发育有意加以控制时，根据品种或发色取向，采用不同的背景色和光源颜色。水质以中性或略微酸性，即 pH 6.5~7 为佳，硬度宜中等，水温 26~28℃为好。

刚开始时，一般投喂活的摇蚊幼虫（俗称血虫、大头虫），每天 2~3 餐，每餐的投喂量以正好吃完为度，因此刚开始时要先试验一下，试试让鱼苗尽量吃能吃多少，比如先放 5 克摇蚊幼虫，10 分钟内吃完了就再放 5 克，直到鱼苗不再吃了，将吃剩的摇蚊幼虫捞回，沥干水称量，投喂总量减去剩余的量就是此时的饱食量，然后 2 天内每餐按饱食量的 80% 投喂，每隔 2 天增加 10% 的投喂量。

投喂活的摇蚊幼虫满 1 周后，鱼苗已长大了一些，全长达到 10~12 厘米，可改用其他个体更大、营养价值更高的饲料，以便有足够的营养支持龙鱼苗的生长，这时常用的饲料是大麦虫、蝇蛆、小鱼、虾肉等。如果是喂大麦虫，应选用较小的、壳还没有变硬的，因为龙鱼苗消化能力还比较弱，硬壳的虫子难以消化，容易造成积食、消化不良。蝇蛆要用专门用饲料或粮食培养的，不可用肮脏的环境里捞取的。如果是用小鱼做龙鱼苗的饲料，这些小鱼应该用专门的鱼缸暂养，购入之后暂养缸内加盐、聚维酮碘或强氯精，这样能杀灭小鱼可能携带的致病菌，但是仍然不能保证龙鱼苗的绝对安全，因为小鱼可能携带寄生虫或虫卵，用杀虫剂处理也不是一个理想的办法。比较稳妥的办法是用虾肉，购入小虾（每只重不超过 8 克为好）按每餐用量分成小包后冰冻保存，投喂前先解冻，去掉虾头，如果龙鱼苗还不到 15 厘米，虾壳也要去掉，然后切成适口（龙鱼苗能一口吞下）的小段再投喂。

幼龙鱼长到 15 厘米（指全长），最迟 20 厘米开始一缸一鱼单独养殖，鱼缸可以比群养时小些，以 200~300 升为宜，采用循环过滤方式，水质以 pH 6.5~7、硬度以 5~8 dH° 为佳，水温 26~28℃为好。投喂大麦虫、蝇蛆、小鱼、虾等饲料，其中大麦虫和蝇蛆不宜长期使用，喂一段时间后应改用其他饲料，小鱼和虾则是可以长期使用的饲料。每天投喂 1~2 餐。

根据笔者的经验和营养学知识，金龙鱼宜投喂小鱼，特别是鳞片反光比较强的小鱼，红龙鱼应投喂小虾，有利于其色泽的发扬。金龙鱼的金质不是色素，而是反光物质，是鳞片上集聚的嘌呤类物质，其他的小鱼也是这样，反光度比较高的小鱼含有这类物质更多，所以有利于金龙鱼形成更致密饱满的反光层。红龙鱼的红色是其皮肤内的红色素细胞表现出来的，红色素细胞将鱼吸收的虾青素转化成红色素，虾青素是鱼不能自己合成的，需要从食物中吸收，而虾蟹的甲壳是富含虾青素的，所以红龙鱼要喂虾，而且最好连壳一起喂，提供的虾青素才会比较多，也就有利于红色色质的表现。

（二）如何让幼鱼更早发色

自然条件下亚洲龙鱼在幼年时色泽不会完全发挥，过背金龙鱼可能到 30 厘米金质都没有上到第五排，而一级红龙鱼（辣椒红龙鱼和血红龙鱼）要到 4~5 岁才充分发色。因此，如果不采取技术措施，高品质的亚洲龙鱼的幼鱼就卖不到好价钱，因为亚洲龙鱼幼鱼的品种鉴别主要看色泽，形态方面的差异不是很明显，而顾客如果没有鉴别的把握，必然不会花大价钱去买一条不知道什么品级的龙鱼。

龙鱼提早发色与营养、环境条件有关，不同品种或不同色泽目标需采取的技术措施不同。下面我们来看看不同品种的龙鱼的发色方法。

（1）过背金龙鱼：用鳞片反光比较强的小鱼喂，鱼缸上用白色光管照射，每天开关灯时间与自然昼夜相同，背景用黑色或蓝色。

（2）超白金龙鱼：用鳞片反光比较强的小鱼喂，鱼缸上下分别用白色光管不分昼夜长期照射，背景为白色。

（3）超黄金龙鱼（金头过背）：用鳞片反光比较强的小鱼喂，鱼缸上下用黄色光管或者“小太阳”电灯不分昼夜长期照射，背景为黄色。

（4）一级红龙鱼：带壳的虾肉（必须去掉头甲）投喂，投喂其他饲料时添加虾青素和螺旋藻，鱼缸上和水下（靠近缸底部）分别用红色光管照射，每天开关灯时间与自然昼夜相同，背景为红色。

五、家庭观赏式养殖

家庭观赏养殖的亚洲龙鱼，规格至少是 15 厘米以上，多数是从 20~30 厘米的规格开始养，最大养到 50~70 厘米的规格。最大规格不同品种不一样，过背金龙鱼往往长到 55 厘米左右就基本停止了，红尾金龙鱼能长到 60 厘米，而红龙鱼的成年个体会更大些，一般能长到 60 厘米，如果血统和养殖技术都对，有机会长到 80 厘米。

养殖亚洲龙鱼首先要配备适当的鱼缸，如本章第一节所述，龙鱼的规格对鱼缸的大小有要求，最好是鱼缸长不小于龙鱼全长的 3 倍，鱼缸宽不小于龙鱼全长的 1.2 倍，最低限度是：鱼缸长不小于龙鱼全长的 2.5 倍，鱼缸宽不小于龙鱼全长，而鱼缸蓄水深度一般是 40~60 厘米，随体长增大而略微加深，没有太大变化。

按照上述要求，如果养殖过背金龙鱼，最终需要长度 1.4~1.7 米（标准量产鱼缸的宽度一般随长度而同比例变化，不需专门提出要求）的鱼缸，养殖红龙鱼则需要 1.5~2.1 米的鱼缸。但是开始养殖时，如果买来的小龙鱼只有 15 厘米，只需要 50 厘米长的鱼缸就可以了，长到 20 厘米，又该换 60 厘米以上的鱼缸了，那岂不是要不停地换鱼缸？而一般家庭里，是不可能准备那么多不同规格的鱼缸的，实际上，很多家庭养殖龙鱼一般都只配备终极规格的大鱼缸。

如果买来的是 25 厘米左右的小龙鱼，按照以往的经验，直接在 1.5~2.1 米的大鱼缸养殖是没有什么问题的，但是如果买来的是 15 厘米左右的小龙鱼，还是先用小一点的鱼缸养殖一段时间，不要直接放入大缸养殖为好。因为根据一些龙鱼养殖专业人士的经验，过大的鱼缸养殖的小龙鱼可能体型会有缺陷，另外，喂食也有不便之处，如果是用活鱼做饲料，鱼缸越大捕食越困难，最后鱼缸里的饲料鱼仔越来越多，可能造成小龙鱼失去摄食的热情；如果是喂其他饲料，也可能因为鱼缸太大而造成饲料未能被及时发现而变质。这种情况下，建议先用长 70~80 厘米的鱼缸养殖，待小龙鱼长到 25 厘米，再转入大鱼缸饲养。

按照本章第一节准备好鱼缸，包括各种辅助设备及装饰材料，蓄好水之后，先检测一下水温、水质是否符合要求，一般标准是水温 26~28℃，pH 6.5~7，硬度 5~8 dH°，溶解氧≥ 5 毫克 / 升，氨氮≤ 0.01 毫克 / 升，亚硝酸态氮≤ 0.01 毫克 / 升，没有残氯。如果水温、水质不符合要求，应在放鱼前进行适当的处理，升高水温以及调低 pH 的方法前面已有介绍。而如果水温过高，超过 30℃，需要先确定水温过高的原因，夏季可能是因为环境温度过高造成的（此时加温设备应该是已停用的），此时如果水温还没有超过 32℃，可不采取什么举措。如果超过 32℃，或很有超过 32℃的可能，则必须采取降温措施，紧急的办法是用塑料袋装一些冰块放在水面上，奢侈的办法是使用冷水机降温，中庸的办法是打开空调降低室温，节省的办法是用小风扇对着水面吹。其他季节，气温低于 30℃时，水温过高应该是加热棒设置不当或发生故障造成的，应重新设置或更换加热棒。

如果 pH 低于 6.5，而当地自来水的酸碱度是高于 pH 6.5 的，对于还未养鱼的鱼缸来说，这种情况显然是降酸碱度药物使用过量造成的，应该先将增酸材料取出，然后用网袋装一小袋珊瑚沙放在过滤槽里。pH 过低往往与 dGH 过低相伴发生，珊瑚砂也是可以提高 dGH 的材料。

如果 pH 高于 7.5，如本章第一节所述，加增酸材料于过滤槽内，循环系统运行一段时间后将会下降。

溶解氧低于 5 毫克 / 升的情况很少发生，如果检测不方便也不必去测，但是需要检查与溶氧相关的设备和水源，井水可能溶氧量很低，如果使用井水做龙鱼缸的原水，必须确保使用前经过足够时间的打氧、曝气；如果鱼缸使用的循环水泵不是具有冲气功能的二合一水泵，那么应该配备气泵，确保至少有一个气石在缸里面冲出气泡来。

按照常理，还未养鱼的鱼缸水，氨氮和亚硝酸态氮是不会超标的，但是超标的情况也可能发生。如果水源是经过过滤池储存的，或者水源不是自来水，或者过滤材料带入了较多的有机物，这两种有毒氮化合物就有超标的可能。一旦检测发现氨氮和亚硝酸态氮超标，应该查找发生的原因并采取相应措施。

使用自来水为水源而未经过足够时间的曝气，有可能残氯超标，采取的措施是继续曝气，或加入适量硫代硫酸钠。

确信水质、水温符合要求后，可以放鱼了。如果先在小鱼缸放养 15~20 厘米的幼龙鱼，可以直接放亚洲龙鱼下去，之后才考虑其他搭配养殖的种类的放养。如果买入 25 厘米以上的亚洲龙鱼，可以把搭配混养的一些鱼先放下去，比如清道夫、鹦鹉鱼、飞凤鱼、九间皇冠鱼、泰国鲫等比较驯良的鱼，放养的个体又比亚洲龙鱼更小，先放入鱼缸更好，一来可以用这些鱼试水，二来可以降低这些鱼受欺负的危险——鱼类和人类一样，也有“先入为主”的规律，有领域倾向的肉食性鱼类，对新来者欺负更甚，所以先放弱小的，后放强大的，这样，过几天后放养的强者开始“反客为主”，相对来说比较平衡，容易实现和平共处。

亚洲龙鱼放养时，“过水”非常重要，过水的过程一般是这样的：买回的鱼整包放在鱼缸内，如果因为太饱满而无法放进缸，可以排掉一点气再扎好口使之成为“软包”。这样在鱼缸内水面上静置 20~30 分钟后，鱼袋内的水温已经与鱼缸内一致了，而鱼并没有受到温度变化的刺激，这时，可将鱼袋解开，往袋内兑鱼缸里的水，第一次兑 1/3，10 分钟后将袋里的水倒掉 1/3，然后又往里加等量的鱼缸水，如此反复 3 次，经过 30~40 分钟的过水过渡时间，一般不是特别娇弱的鱼已经可以适应了。过水的时候注意不要让鱼缺氧。还有一种更简单稳妥的过水办法，就是在鱼袋静置于鱼缸上 20~30 分钟后，将袋里的水倒掉 1/3，然后用一条塑料小管（增氧气泵用的输气管）通过虹吸从鱼缸往鱼袋里吸水，通过鱼缸和鱼袋水位的落差调节加水的速度，使鱼袋内的水量在 30 分钟左右增加 2 倍，过水完成。

过水完毕后，将鱼袋内的水倒掉大部分，空气排掉，然后将鱼袋整个放入鱼缸，袋口朝下、放开，抓住袋子后部慢慢拎起，让鱼自己游入鱼缸。

鱼入缸后，第一周是最关键的时期。第一天要注意观察龙鱼的状态，最好的状态是在鱼缸的中上层巡游，有些龙鱼开始时会待在水底不动，这也是经过长途运输到达新环境之后的正常反应，因为运输消耗造成的疲劳使它们不太想动，另外，对陌生环境它们也会采取静静地观察的策略。正常情况下，这种“趴底”的状况应该在 2~3 天内结束，不然就得想点办法。如果新放入缸的龙鱼情绪过于激动，不停地快速串游，说明它们对新环境的不适感过于强烈，这时建议往鱼缸里投入几片维生素 C，可以起到安抚作用。如果放入鱼缸后，龙鱼待在上部一个角落不动，问题就大了，先检查一下鱼缸的水质，主要是 pH 和硬度，另外看是不是有比较强大的鱼已经先入缸了，如果没有问题，说明这很可能是一条带病的鱼，或者退货，或者仔细观察一下有什么别的症状，对症下药。

龙鱼入缸之后第二天，仍然不需要投喂饲料，如果是有其他鱼一起混养的，其他鱼可以照常投喂，如果龙鱼对那些饲料有兴趣，不妨投喂少量专门为龙鱼准备的饲料，如果它们开口吃食了，以后就转入日常管理了。

日常管理的主要内容是：观察、水质检测和调控、饲喂。

观察的对象是鱼缸里所有的鱼的状态，还有设施器材的运转情况。首要的当然是龙鱼，观察的内容当然是它们是否都处于正常的状态，平时活动或栖息是否符合这种鱼的本性，比如亚洲龙鱼应该是在鱼缸中上层匀速巡游的，鹦鹉鱼应该是好奇心很强的样子，清道夫应该多数时间紧贴缸壁，泰国虎鱼应该是待在一边虎视眈眈的。另外，观察的内容还有鱼的体表光泽是否正常，有没有炎症、溃疡、出血、身体黏附异物（包括拖粪），如果有异常，应及时处理。

设施器材方面注意是观察水温是否正常，连接气泵的气石是否正常出气，水泵出水的流量是否正常，过滤盒水流是否通畅，过滤棉是否需要清洗。

水质检测主要内容是氨氮、亚硝酸态氮、硝酸根、pH、硬度、浊度、表面悬浮物，检测的频度是 1~2 周一次，溶解氧一般不需要检测，只要气石或者二合一水泵在往水里打气，就不会有什么问题。

养殖过程中水质的要求和放养前准备的水是一样的，但是检测项目更多，因为放养前有些指标是无意义或不可能超标的。具体测试项和指标要求是：总氨≤ 0.2 毫克 / 升，氨氮≤ 0.01 毫克 / 升，亚硝酸态氮≤ 0.01 毫克 / 升，硝酸根≤ 10 毫克 / 升。

总氨超标如果发生于开始养鱼的头两周，如果不是过多的残饵、鱼粪没有得到及时清除，那多半是缘于硝化菌群尚未完全形成，系统硝化能力不足，可以通过添加商品硝化菌，使硝化系统的功能得到迅速提升，从而将氨转化。总氨超标如果发生于开始养鱼 3 周以后，说明硝化系统的工作能力不足，可能是过滤材料过少，或者水流太弱，或者水没有从硝化材料流过，请仔细检查，确定真正的原因，采取对症的处理措施。

分子氨超标的情形和总氨一样，处理的方法类似。但是实际上分子氨和总氨超标与否有时并不同步，这是因为分子氨和离子氨是可以互相转化的，它们的比例与酸碱度及水温有关，比如水温 30℃，pH 7 时水中分子氨占总氨的 2.5% 左右，pH 8.5 时上升到 20%，pH 6 时下降到 0.08%，所以 pH 高对龙鱼有较大危险。

亚硝酸态氮对鱼有很强的毒性，应及时检测，严格控制。发生超标的原因主要是硝化系统的工作能力不足，应仔细检查，对症处理。

硝酸根一般并不是养鱼人关心的问题，因为都知道它对鱼没有什么毒性，它的主要危害是使 pH 下降，只有 pH 下降到龙鱼不能承受的情况下才产生了真正的危害。但是如果真的以为这样的情况不会发生那就错了。笔者做过硝化系统对水质影响的实验，发现在养殖金鱼的密度为 2 克 / 升（每升水 2 克鱼）的情况下，一个月不换水 pH 就下降到 4.5，一般的鱼都承受不住。当然养殖亚洲龙鱼的密度一般要小些，摄食量也赶不上金鱼，但是仍然需要适当注意硝酸根的问题。由于硝酸根离子是硝化反应的最终产物，除了换水，没有更好的解决办法。如果按照每两周换水一次，每次换水 1/4~1/3，一般可保证硝酸根的量不会对亚洲龙鱼造成毒害。

鱼缸的水往往会有酸性化的倾向，不但是因为鱼的排泄物和残饵被分解后，其中的含氮化合物经硝化系统处理后最终产物是硝酸根离子，酸性很强，而且鱼呼吸的产物二氧化碳与水结合后成为碳酸，它的量比硝酸根还要大，因此酸化作用也是不容忽视的。检测 pH 的工具和方法主要有两种，一是试剂滴定，二是电子 pH 计测量。当我们检测到 pH 很低时，我认为最好的处理办法是：先将增酸剂（莫氏榄仁叶、泥炭、ADA 泥之类的东西）撤出，然后给鱼缸换 1/4~1/3 的水，1 周之后还要换一次水。

水的硬度也会随 pH 而下降，主要是因为碳酸与钙、镁离子结合，产生碳酸钙、碳酸镁沉淀，水中的离子含量大幅度降低。所以一般 pH 的问题得到解决的同时，硬度的问题也解决了，但是也有例外，比如水源是偏软的水质，这时可能需要在鱼缸的过滤槽里放一包珊瑚砂。

所谓浊度是指浑浊程度，不需要用仪器测量，实际上，在养殖观赏鱼时我们想了解的不是科学意义上的浊度，而是水中悬浮物质的多少，所以肉眼观察就可以得到答案。如果浊度比较高，水体内往往细菌总量比较多，容易滋生致病菌，因此应立即检查过滤系统，是否最前面一层主要过滤悬浮物质的过滤棉淤积了太多污物，已经堵塞了，失去了过滤悬浮物质的功能，应该立即清洗，使循环水得以从这层过滤棉经过，悬浮物质得以被过滤棉拦截。

要掌控好水质，除了每周至少一次肉眼检查过滤系统运转情况、水体表观清洁度、水温、气泵等，每两周至少一次用试剂或仪器检测各项水质指标之外，最好每 2~3 周换一次水，每次换掉 1/3 即可。

喂食在日常管理中是最重要的部分，因为这几乎是每日例行的工作。龙鱼的喂养并非烦琐的事情，与七彩神仙相比就简单得多，但是在龙鱼不同的成长阶段、不同的规格，对食物的种类及处理有不同的要求。

全长 20~30 厘米阶段，龙鱼生长迅速，需要全面而丰富的营养，以使其身体强健，抵抗疾病的能力更强，所以应当多喂，但为了防止拒食和肠道疾病，应该遵循少量多餐的原则，每天 2~3 餐，每餐七分饱，食物的种类也要多样化，不可过于单一，以免造成营养不均衡的情况。食物以小鱼、小虾为主，适当搭配蝇蛆、刚脱壳的面包虫和小蟋蟀，并且每周停食一天，或者感觉小龙鱼食欲不太旺盛时随时停食一天。这一阶段的龙鱼胃壁比较薄，免疫力也比较弱，小鱼、小虾要事先消毒杀菌，虾的额刺、螯足及蟋蟀的腿去掉才能用来投喂。对于这些食物，除了虾可以是冷冻的之外，其他都要活的。因此家庭为亚洲龙鱼准备的饲料，往往以冻虾最为常见。如果是以小鱼为饲料，这一阶段可以用小的土鲮鱼、麦鲮苗、草鱼苗、锦鲤苗、鲤鱼苗、金鱼苗、鲫鱼苗等，不要用泥鳅苗或者罗非鱼苗，因为泥鳅苗非常灵活，又喜欢往角落里钻，小龙鱼追捕很容易受伤，而罗非鱼背鳍有一排硬刺，龙鱼吞下它食道和胃会被扎伤。

全长 30~45 厘米阶段，是龙鱼开始发色的时期，对龙鱼将来的色泽表现是很关键的时期，需要的营养和上一阶段的龙鱼不同。它们需要更多的维生素、虾青素、矿物质，较少的能量物质。这一阶段的食物主要是小鱼、小虾，偶尔是大麦虫、蜈蚣、蟋蟀等，每天喂一餐，每周停食一天。食物的预处理也与上一阶段不完全相同，而且不同的龙鱼品种食物的种类和预处理方式也有所不同。

（1）喂金龙鱼用小鱼为主，选择那些鳞片光泽比较好的鱼，投进龙鱼缸之前，用含有螺旋藻和珍珠粉的饲料喂饱这些饲料鱼。

（2）喂红龙鱼用小虾、面包虫、蟋蟀等，小虾最好用活的，喂龙鱼前将虾的额刺和螯足去掉，保留虾壳；面包虫、蟋蟀等事先喂食虾青素和胡萝卜。

（3）喂青龙鱼用小鱼为主，投进龙鱼缸之前，用含有螺旋藻或绿藻的饲料喂饱这些饲料鱼。

全长 45 厘米以上的亚洲龙鱼，被视为“成龙鱼”——尽管可能只有 2 岁，远远没有成年。不管年龄如何，由于我们在家庭中喂养龙鱼不是用来繁殖的，我们的要求是颜色和光泽好、身体健康，所以这个阶段的饲料要求是营养均衡、全面，要高蛋白、高维生素、低脂肪。

这个阶段的饲料种类基本与上阶段相同，也与龙鱼的品种有关，因为这个阶段虽然不需要扬色，但也需要保持品种特有的色泽。所以，金龙鱼和青龙鱼可喂小鱼为主，虾、蟑螂、蟋蟀和蜈蚣为辅。红龙鱼以虾为主食，蟑螂、蟋蟀和蜈蚣为辅食。如果能买到亚洲龙鱼喜欢吃的人工饲料，也可以作为主食。

这个阶段喂食的节律与上一阶段不同，与年龄有关，我们主张 2 岁鱼每三天喂两顿，3 岁鱼两天一顿，4 岁及以上的鱼每周喂两顿即可，每次可以喂到九成甚至十成饱——在自然界，亚洲龙鱼和多数肉食性鱼类一样，吃饱一顿可以管好几天。

日常管理除了上述事宜，还有比较容易忽视的问题，主要是灯光和水流的问题。灯光对亚洲龙鱼的健康及发色都有影响，太强的光线、过长时间的照明都是对龙鱼健康有害的，龙鱼缸上部的光管 20~25 瓦就可以了，而且每天照射的时间不要超过 10 小时，鱼缸内的红光管、紫光管最好亮度再小些。

六、亚洲龙鱼的繁殖

亚洲龙鱼 3~4 岁初次性成熟，初次成熟个体全长约 50 厘米，体重 1.2~1.5 千克，雌鱼怀卵量 30~60 粒，卵子微椭圆形（接近圆球形），卵径 1.4~2 厘米（指长径），经产鱼怀卵量随个体增大而提高，6~7 岁的个体怀卵量 50~80 粒。雌雄外形没有明显差异，发情期雄鱼比雌鱼体色更鲜艳，发情初期自行择偶配对，通常是雄鱼在中意的雌鱼面前进行一番炫耀性的表演，展示自己的活力和帅气，赢得雌鱼的芳心之后，双双游至水草丛生、安静又安全的浅水区，找到一块适合产卵的地方，然后开始调情、发情，雌鱼在激情高潮时在贴近水底的位置排出卵子，雄鱼立即给卵子受精，然后将卵子含入嘴里开始孵化，如果产的卵子太多，超出雄鱼口腔的容量，雌鱼（或雄鱼）会将多余的卵子吃掉。孵化开始后第五天，胚体已形成，肉眼可以看见大致的胚体性状，眼睛已经形成，那是胚胎上明显的黑点，而没有受精的卵，在第五天之前已经被雄鱼吞食了。孵化 30 天时，胚体已长到 2 厘米长，腹部之后已经与卵分离，整个胚胎看上去像一只蜻蜓趴在鸡蛋上。孵化 40 天时，胚胎已经完全发育成小龙鱼苗了，具备了鳞片、鳍等等体外器官，长度达到 5 厘米，与一般鱼苗不同的是鱼苗的腹部还悬挂着卵黄囊，这时，鱼苗会离开雄鱼的口腔，近距离的游动、嬉戏，累了或者感觉到危险，又回到雄鱼的口腔。从此时起，鱼苗迅速成长，在父亲口腔里待的时间一天比一天少，卵黄囊一天比一天小，大约 50 天时，卵黄囊被鱼苗吸收完了，鱼苗需要自行觅食，它们不再回到父亲的口腔里，雄鱼的孵化任务告一段落。孵化完成后，雄龙鱼需经过至少两个月补充营养、恢复体质之后，才能进行下一次繁殖，而雌鱼再产卵之后，需要经过大约三个月补充营养，后一批的卵子才能发育成熟，所以一般雌雄繁殖间歇期都是三四个月，相差不大。体质好的亚洲龙鱼，一年可以繁殖两窝甚至更多。

亚洲龙鱼在鱼缸里繁殖是非常困难的，世界上成功的先例很少，而且没有一个人敢说有成功的把握。所以在这里，我们不是想告诉读者如何去繁殖亚洲龙鱼，而是要告诉您，在原产地的龙鱼繁殖场是如何繁殖龙鱼的，您如果具备充分的物质条件，当然也可以进行尝试，即便您不具备条件，了解一下您养的鱼是怎么来的也是应该的。

我们能在中国合法买到的亚洲龙鱼，都是人工环境繁殖的，而且是野生亚洲的子二代及其后代，说得俗一点，就是起码是野生亚洲龙鱼的孙子辈的，因为 CITES 规定野生的及其儿子辈的亚洲龙鱼是不准买卖的。而且，只有向 CITES 申请，并经该组织注册授权的亚洲龙鱼繁殖场，才能生产和销售亚洲龙鱼，这些在本书第一章已经介绍过了。

所以，在中国国内能合法买到的亚洲龙鱼应该都带有一份证书，这本证书是每条鱼一份的，它能告诉你这条鱼来自哪个鱼场。

龙鱼繁殖场一般设有繁殖池和后备亲鱼培育池，小龙鱼则因各鱼场的经营方式而采取不同的培育方式。

繁殖池建于黏土或黏壤土基质上，一般为长方形，长度为宽度的 2~4 倍，按水面计，宽度 8~12 米，长度 20~30 米，坡度 1:1~2:3，水深 1.5 米，水面至堤面约 1 米，池周边自然生长或人

马来西亚某龙鱼场

工种植挺水植物，水底设排水口，由排水管连接至排水渠或沉淀池，进水口在水面上约 50 厘米。池与池之间的堤面宽度 3~10 米，可种植果树或莫氏榄仁（其树叶即为所谓的榄仁叶或“懒人叶”）。每个繁殖池放养性成熟的龙鱼亲鱼 20~35 对。

由于亚洲龙鱼是一雌一雄自行择偶配对繁殖，养殖场在进行繁殖池的亲鱼放养时，往往需要进行亲鱼的雌雄鉴别，一是为了控制放养比例，以保证配对成功率；二是尽量避免近亲繁殖，这需要确保一个繁殖池内任何一尾雄鱼和任何一尾雌鱼都不是同一父母所生（但是同性别的鱼可以是同胞）；三是如果要进行定向杂交，比如一号半红龙鱼是由一级红龙鱼与黄尾龙鱼杂交产生的，繁殖池里只有所有的一级红龙鱼为一个性别，而所有的黄尾龙鱼为另一性别，才能保证后代都是杂交鱼。所以，亚洲龙鱼繁殖场一般需要掌握龙鱼雌雄鉴别技术。

莫氏榄仁树叶

一般亚洲龙鱼的性别从以下外部特征判断：

①雌鱼头部会比较同龄的雄鱼略短一点，圆润一些；②头高 / 体高的比例略有差异，雌鱼略小于雄鱼，也就是说，雌鱼躯干中段的高度相对略大；③产卵前的雌鱼腹部较饱满；④雄鱼下颚有 2 条对称的弧形黑影线，构成一个下端张开的括号形状，而雌鱼的黑影线颜色较淡，弧形较浅；⑤雌鱼的生殖孔的长度为 1.2~1.4 厘米，前半部椭圆形而后半部似裂缝，雄鱼的生殖孔为长椭圆形，长度为 0.7~0.9 厘米（与鱼的规格有关，以全长 50 厘米为例）。

龙鱼在产卵池中习性与自然界有些不同，因为它们不需要去觅食，每天同一时间同一位置，会有几乎同样的饲料从天而降，饥饿的龙鱼到喂食时间就会在投饵位置周围巡游等待。亲鱼的饲料主要是蝇蛆、大麦虫、虾肉、昆虫，有些鱼池会在繁殖池中心水面上方 1 米多高的位置挂一盏灯，用于夜间引诱昆虫，这样既能节省饲料、降低成本，又能让龙鱼吃到它们最喜欢的天然食品，并且产生生活于自然水体的感觉，这对健康是有益的。但是灯光诱虫也存在饲料量不稳定的缺点，另外，也不便于观察龙鱼亲本的活动情况。人工投喂饲料适宜的时间是傍晚，这个时间龙鱼的食欲比较好，天色未暗，也可以通过对吃食情况的观察，对池中亲鱼的状况进行分析判断，因为我们都知道，含卵的雄鱼是不摄食的。

亲鱼池的水质要求比较高，主要是因为含卵的亲鱼耗氧量比较大，呼吸频率也高。数十个胚胎或者小鱼苗都需要通过雄鱼的呼吸将溶氧带到身边，如果水体中溶解氧含量低，即使雄鱼呼吸再快也不能满足胚胎的溶氧需求，所以，亲鱼池必须保持昼夜的高溶解氧。高溶解氧主要通过水质调控来实现，一般，繁殖池的水体藻类很少，通过换水、保持水温不超过28℃以满足水草生存要求，只要水草能正常生存、生长，藻类就不会滋生，而且水草光合作用产生的氧气是水体中溶解氧的主要来源，是高溶解氧的保证。一些鱼场会在繁殖池上方覆盖 1/3 左右遮阳网，其目的是为了防止表层水温过高。

笔者在龙鱼池边莫氏榄仁树下

自然界龙鱼的繁殖有一定的季节性，亚洲龙鱼的原产地——东南亚是热带地区，其气候是热带海洋气候或是热带季风气候，虽然周年气温变化不大，降水量却有周期性变化，所以一般一年有 2 个季节：雨季和旱季。雨季一般是每年 11 月到翌年 3 月底，旱季是 4 月初到 10 月底。龙鱼繁殖季节主要在雨季。

龙鱼繁殖场一般在雨季到来后一个月左右，给每个繁殖池拉网，收集鱼苗和胚胎，发育时间 5 天以上的胚胎一般都取出进行人工孵化。鱼苗同样收集起来，在室内鱼缸或小型鱼池集群养殖。此后，每 40~50 天一次，拉网收集鱼苗和胚胎。进入旱季后一般没有周期性的拉网，往往是根据观察和以往的经验，在预计有鱼苗或胚胎的时候下网。

3 银龙鱼的养殖

银龙鱼无疑是所有龙鱼中最普及的，就养殖数量而言，银龙鱼超过其他骨舌鱼科鱼类的总和，仅中国市场，每年进口银龙鱼苗超过 200 万尾，在大型热带观赏鱼中居首位。

相对于动辄过万元的金龙鱼、红龙鱼而言，区区数十元至两三百元的银龙鱼无疑更适合大众消费，不要说中国人不富裕才会这样，在欧美舍得花上万元（折算成人民币）去买一条观赏鱼的人比中国还少！适中的价格是银龙鱼备受欢迎的重要原因。

银龙鱼在亚马孙流域分布较广，除了上游水温较低的地段，广阔的亚马孙泛滥区都有银龙鱼分布，以至于数十年来仅仅靠捕捞天然鱼苗，就足以供应全球消费，而且并没有明显的减产趋势。金龙鱼、红龙鱼，20 世纪 70 年代末资源已接近枯竭，1980 年更被 CITES 列入濒危名录，禁止交易，到后来允许注册鱼场出售子二代，供应量一直极其有限，直到最近五六年，繁殖场达到上百家，供应量才达到银龙鱼的 10% 左右。

银龙鱼虽然没有红龙鱼、金龙鱼那么艳丽、耀眼，但是它们有银白色的金属光泽、硕大而又优美的身姿，还有它们性格平和，能群养，能和很多种其他热带鱼混养，对食物和环境有较强的适应能力，使它们受到众多观赏鱼爱好者的欢迎。

一、器具和水质

自然界的银龙鱼可以长到 130 厘米长，作为观赏鱼被人工养殖的条件下，长到 1 米的个体也并不罕见，一般的家庭养殖中，银龙鱼最终的规格往往在 70~90 厘米。

银龙鱼的体格，甚至体型，会受到养殖容器的影响。我们养殖银龙鱼不但希望它们能长成较大的体格，也希望它们能有正常的优美流畅的体型，因此，需要给它们提供足够大的生存空间，也就是说，应该有足够大的鱼缸。

养殖银龙鱼的鱼缸，最重要的参数是长度，当鱼缸的长度小于银龙鱼全长的 2.5 倍时，其生长会受到压抑；宽度，至少要达到银龙鱼全长的 80%；而深度，应该达到鱼体高的 5 倍左右。鱼缸的大小可以随着鱼的成长而调整，也可以一步到位，先按全长 80 厘米的鱼去配置一个 2 米长的鱼缸。

家养银龙鱼

由于银龙鱼与亚洲龙鱼相比要单薄很多，实际上，养 3 条银龙鱼的时候，也可以按照 1 条鱼的标准去配置鱼缸，但是如果鱼的数量再增加，就必须扩大空间，用更大的缸。

养殖银龙鱼的养殖器材，除照明器材之外，其他与亚洲龙鱼没有太大的不同，请读者参考“亚洲龙鱼的养殖”一章。说到照明设备，与亚洲龙鱼不同之处在于，银龙鱼鱼缸不需要特殊的灯具，不需要水下灯，只要有顶部的日光灯管就可以了，但是如果鱼主希望用灯光营造特别的环境氛围，可以考虑于顶部安装有色射灯。

对水质的要求，与亚洲龙鱼类似，而且银龙鱼比亚洲龙鱼的要求低些，适应范围更大些，硬度：1~12 dH°，酸碱度：5.5~7.5，溶解氧≥ 5 毫克 / 升，耐盐范围 0~0.5%，适宜水温：25~30℃，耐温范围：22~35℃。尽管银龙鱼的原产地亚马孙流域也是弱酸性的软水为主，而银龙鱼对于中性的酸碱度、中等的硬度却很适应，没有一点困难，所以，一般养殖银龙鱼都不需要人工调节酸碱度和硬度。

在对含氮污染物的抵抗能力方面，我们还缺乏权威的科学研究数据，但是在观赏鱼养殖的一般要求下，即氨氮≤ 0.01 毫克 / 升，亚硝酸态氮≤ 0.01 毫克 / 升的条件下，银龙鱼的生存和活动都没有明显的不适。

二、银龙鱼的选购

银龙鱼主要商品规格是全长 20~45 厘米，因此本节介绍的是这个规格的幼银龙鱼及未成年银龙鱼。

20 厘米以下的银龙鱼苗较少进入市场，它们主要是在鱼场之间进行交易。45 厘米以上的银龙鱼在市场上经常见到，但它们更多的是作为观赏鱼店的展示品，较少人购买，所以也不是本节所关注的对象。

银龙鱼幼鱼群

银龙鱼与亚洲龙鱼的选购既有相似，也略有不同，其主要区别在于，银龙鱼没有品种或地方种群的区别，除了稀有的白化种之外，身体的色泽都是一样的，个体的差异也极其细微。下面具体探讨挑选银龙鱼的着眼点。

1. 健康状况

对于挑选任何观赏鱼，健康状况都是非常重要的内容。检查和判断银龙鱼的健康状况主要看泳姿是否平稳、身体表面是否有明显的伤痕或炎症病灶、身体表面是否光滑、身体上有没有多余的东西、身体的光泽度是否正常、粪便是不是正常的形态、肛门是否有红肿突出或者黏液、呼吸频率是否正常、眼睛是否明亮及皮下特别是尾鳍基部和臀鳍基部是否有充血等。

2. 泳姿

无障碍物时游泳轨迹是直线，游泳时身体平稳，尽管身体后半部分的左右摆动是推进的正常动力，游动时身体大部分以及中心都应该是稳定的、直线前进的，游到鱼缸尽头时胸鳍平展，转身姿势优雅。

3. 活力

多数时间在鱼缸中上层巡游，绝少静止不动，更没有待在缸底或水面的情况。

4. 色泽

银龙鱼的体色为银白色，但是背部中间一排鳞片没有被银质覆盖，显现出普通鱼类最常见的暗绿色。而在覆盖身体大部分的银色高光泽度鳞片的中心，一般有一条粉红色带，这条粉红色带居于鳞片的鳞心和边缘的对分位置，与鳞片边缘平行，其宽度为鳞片半径的 1/8~1/5，其清晰度随个体规格的增长而减小。另外，在银龙鱼臀鳍上也有淡粉红色的底纹，而臀鳍和背鳍的外缘，一般是淡粉红色或黄色。质量好的银龙鱼，其银质应该有很高的反光度。

5. 体型

背部平直，从侧面看，吻端至尾柄整个背部是一条直线，从上面俯视应左右对称，背的宽度适中，身体各部分比例适中，没有畸形。

6. 嘴型

上下唇端要吻合，特别要注意下颌超出上颌，粤语所谓的“兜嘴”是银龙鱼比较常见的畸形嘴型。

7. 颌须

银龙鱼的颌须长在下颌顶端，与吻端在同一水平上。银龙的须应平直，越往末端越细，根部即下颌不应有瘤状突起——这也是银龙鱼中常见的形态缺陷之一。

8. 眼球

左右对称，平视无下坠，转动灵活，炯炯有神。银龙鱼常见的眼部畸变是瞳孔不圆，或者一只眼睛无瞳孔，发生这种一只眼盲的情况在银龙鱼当中有一定的比例，选鱼时要多加留意。

9. 鳃部

鳃盖表面应完全被银色光泽所覆盖，鳃盖要平滑不能凹陷，鳃盖膜外缘弧线自然，贴合身体，无外翻。

10. 鳞片

鳞片要光滑整齐，反光度高，身体中部的大鳞片没有畸形（再生鳞可以因时间不足而小于正常鳞片，但不可以畸形）。

11. 后三鳍（背鳍、臀鳍、尾鳍）

尾鳍小，火焰形，臀鳍基很长，几乎占体长的 2/3，背鳍基也很长，约相当于体长的 1/2。后三鳍的鳍条要能够笔直的伸展，弯曲、折曲、缺损都是明显的缺陷。臀鳍、背鳍的边缘都接近直线，尾鳍几乎和臀鳍、背鳍连在一起，但不可以重叠。

12. 胸鳍

胸鳍前缘强硬，末梢略内弧，鳍条平顺无折叠、弯曲等情况。

三、适合和银龙鱼混养的观赏鱼

由于银龙鱼个体大、性格温和、对环境适应力比较强，因此适合和银龙鱼混养于同一鱼缸的鱼的种类非常多，无法一一枚举，在此主要介绍一些常见搭配以及进行这样的搭配有什么优缺点。

（一）鹦鹉鱼

鹦鹉鱼是银龙鱼在家庭观赏养殖中最常见的搭配对象，也是银龙鱼搭配的首选。这种搭配广受欢迎的主要原因是：

（1）色彩鲜艳而和谐。银白色的银龙鱼虽然没有鲜红的鹦鹉鱼夺目，但是强烈的银白色反光也使它们不会因鲜红的鹦鹉鱼的存在而被忽视，而银白与鲜红在任何一种文化中都不是相互冲突的颜色。

（2）个体大小比例恰当，形态相映成趣。鹦鹉鱼有几个品种，市场上规格从 7、8 厘米到 35 厘米的鹦鹉鱼都能买到，银龙鱼是长条形的，而鹦鹉鱼是圆形的（侧面观），20 厘米的银龙鱼与 10 厘米的鹦鹉鱼体重接近，80 厘米的银龙鱼与 35 厘米的鹦鹉鱼也不相上下，所以任何规格的银龙鱼都能有适当规格的鹦鹉鱼与之相配，并能和平相处。

（3）二者对水质的要求几乎一样，养殖者管理水质时如同一个品种单养一样，没有患得患失的顾忌。

（4）生活的水层不同，银龙鱼喜欢在水体上层活动，而鹦鹉鱼更多地在水体中下层，因此这样可以避免鱼缸的视觉中心过偏，使鱼缸更加接近视觉平衡和适度饱满。

在这种搭配模式中，银龙鱼的数量不限于 1 尾，但是最好是单数，鹦鹉鱼的数量不要少于银龙鱼，因为毕竟个体小些，数量太少的话画面不平衡。

喂养银龙鱼最好不要用活鱼，因为追逐活鱼时会给鹦鹉鱼带来比较大的惊扰。

（二）清道夫

清道夫严格地说并不是搭配对象，它们属于“工具鱼”，人们在大型观赏鱼的养殖缸中都会投放少量清道夫，主要用于清理残饵和缸壁缸底着生的藻类。银龙鱼缸中投放的清道夫个体大小要与银龙鱼协调，即要比银龙鱼小一半，但不能太小，太小了会被银龙鱼误认为食物，一旦误食清道夫，对银龙鱼而言是危险的，因为很可能吞不下又吐不出。

（三）亚洲龙鱼

前面在亚洲龙鱼混养品种中提到了银龙鱼，所以银龙鱼养殖鱼缸中搭配亚洲龙鱼同样是可行的。实际上，这种模式可以说是亚洲龙鱼与银龙鱼混养模式，不好说是谁搭配谁，但是亚洲龙鱼与银龙鱼混养的模式，一般一个鱼缸里亚洲龙鱼只有 1 尾，这与亚洲龙鱼群养或多品种混养模式不同，相对而言，前者更容易实现，因为银龙鱼比亚洲龙鱼领域性弱，对其他鱼的容忍度高，而亚洲龙鱼对异种鱼类的容忍度比对同类高，特别是对比自己个体更大的异种鱼类。另外，亚洲龙鱼群养或混养模式，一般养殖的龙鱼数量比较多，往往是 7 条以上才不容易发生打斗，而银龙鱼与亚洲龙鱼混养，一般亚洲龙鱼只放 1 尾，而银龙鱼放 1~3 尾，鱼的数量不是太多，鱼缸也不需像亚洲龙鱼群养缸那么大。

银龙鱼缸混养亚洲龙鱼，一般亚洲龙鱼限定为 1 尾，具体品种无限制，从美学欣赏角度看，笔者认为搭配红龙鱼最好，金龙鱼次之。另外，鱼缸中还应该搭配一些其他鱼类，因为银龙鱼和亚洲龙鱼都是喜欢在水的中上层活动，而鱼缸下层空荡荡的于美学而言有所欠缺。放养时要注意银龙鱼和金龙鱼以及其他鱼类的规格比例，一般，放养的银龙鱼与金龙鱼体重差不多，银龙鱼全长比亚洲龙鱼大 30% 左右较为适当。

混养缸一般要求长度不少于 2 米，容积不少于 500 升，安装养殖亚洲龙鱼的要求配置循环净化装置及管理水质，缸内无装饰或以一棵沉木植水榕的简单装饰，背景用黑色或蓝色画纸为好，不需水下灯，光源仅用缸盖上灯管即可。

日常管理按亚洲龙鱼的标准，投喂饲料以冰鲜虾肉为主，投喂频度不超过一天一餐。

（四）金钱豹鱼

学名青斑德州丽鱼（*Cichlasoma cyanoguttatum*），又名德州豹，属鲈形目丽鱼科慈鲷属（*Cichlasoma*），是一种体型较大的慈鲷，原分布于美国南部德克萨斯州及墨西哥的湖泊与河流中，故得英文名 Texas cichlasoma，即德克萨斯慈鲷。

该鱼体型侧扁，雄鱼头部有隆起，侧面观近似卵圆形，前大后小，体色为蓝色，实际是数百成千的蓝色圆点和圆点之间不连续的黑色底色构成整体蓝色的印象，各鳍也分布了许多蓝色圆点。口端位，在身体纵轴下方，下颌较上颌更为突出，有细密唇齿，背鳍和臀鳍较发达，后部末端延长，最大个体全长 45 厘米左右，体重约 1.5 千克。

该鱼适应中性水质：酸碱度：6.5~7.5，硬度：5~12 dH°，适应水温 20~ 33℃，偏动物性的杂食性，喜食水生蠕虫、甲壳类、贝类、昆虫及植物类。一年性成熟，成熟个体雌雄差异明显，雄性个体更艳丽，一年多次产卵，每次产卵 300~1 000 粒，产卵于水底硬质物体上，有护卵、护幼习性。

此鱼在 20 世纪 90 年代已经引进到中国，但是养殖不是很普及，人们甚至以为它是一尾中型慈鲷，成年规格只有 23 厘米。但是 21 世纪初在珠江三角洲有一些水产养殖者将此鱼作为食用鱼在池塘中养殖，才发现可以长得很大，现在，40 厘米以上的德州豹已经很容易在市场上找到，而这样大规格的德州豹常常作为金刚鹦鹉鱼、财神鹦鹉鱼等大型观赏鱼的伙伴。

此鱼作为银龙鱼的搭档的好处是，它主要活动于水体中下层，使鱼缸内的布局更显均衡，它对规格比自己大或者稍小一点的其他鱼没有明显的攻击性，它对水质、水温及饲料的适应力比较强，没有特别严格的要求，不需要特别用心的管理。如作为银龙鱼的搭配对象，最好不要作为银龙鱼之外唯一的搭配对象，建议再搭配大型鹦鹉鱼、泰国虎鱼、地图鱼等，以免鱼缸缺乏温暖的色彩。

作为银龙鱼的搭档，搭配的规格与银龙鱼相协调更有利于画面效果及彼此的安全，最佳规格是全长为银龙鱼的 1/2。

（五）其他类

与银龙鱼搭配养殖的观赏鱼有很多，一般只要规格适当、没有太强的攻击性、没有过于特殊的水质水温要求的都可以。实际上常被混养于银龙鱼缸的观赏鱼还有：丝足鲈、泰国虎鱼、飞凤鱼、蓝鲨、红尾鲇、鸭嘴鲨、淡水魟鱼、菠萝鱼、罗汉鱼、泰国鲫、虎纹刀、地图鱼、眼斑鲷（俗称金老虎、皇冠三间）、红尾皇冠等，主要种类已经在“亚洲龙鱼的养殖”一章介绍过，不再重复叙述。

鸭嘴鲨

泰国鲫

四、银龙鱼的家庭观赏式养殖

银龙鱼的家庭养殖规格是 25~80 厘米。尽管我们在适当的季节也能在市场上发现全长仅 20 厘米的银龙鱼，但是实际上，大部分养殖场把银龙鱼上市的起点规格定在 30 厘米左右，确切地说，市场上银龙鱼的主要商品规格是 30~55 厘米，这个范围之外的比较少。

由于 25 厘米的银龙鱼在生活习性方面与成年银龙鱼没有明显差别，本节将不会按规格划分段落。

（一）准备工作

首先确定准备采用的养殖模式，并据此选定适当规格的鱼缸。银龙鱼的养殖模式主要分为两类：银龙鱼群养、银龙鱼与其他观赏鱼混养。前一种方式是指银龙鱼的数量不少于 3 尾并且其他鱼的总体重小于银龙鱼，后一种方式指其他鱼的总数量及总重量明显高于银龙鱼。

采用银龙鱼群养的方式，应选用比较大的鱼缸，最好长度能达到 2.5 米左右，而深度有 50~60 厘米就够了，因为成年银龙鱼体型比较长，而且都集中在水体上层活动；采用银龙鱼与其他观赏鱼混养时，一般鱼缸不需要那么大，但是如果希望长时间养下去，2 米左右长度是需要的，鱼缸可蓄水的深度 50~80 厘米，与搭配养殖的其他鱼的种类和数量有较大关系。

按照“亚洲龙鱼的养殖”一章中介绍的方法准备好鱼缸，包括安装及运行各种辅助设备及装饰材料，蓄好水之后，先检测一下水温、水质是否符合要求，一般标准是水温 25~28℃，pH 6.5~7.5，硬度：5~10 dH°，溶解氧≥ 4 毫克 / 升，氨氮≤ 0.01 毫克 / 升，亚硝酸盐≤ 0.01 毫克 / 升，没有残氯。

在装饰环节应注意，不要用白色背景，另外，最好不要让鱼缸四面透光，以免破坏银龙鱼的安全感。

（二）放养

鱼缸空载运行 3 天以上，确信水质、水温符合要求后，可以放鱼。

采取银龙鱼群养方式的话，放养的银龙鱼最好规格在 25~30 厘米，应该一群（至少 3 尾）同样规格的银龙鱼同时入缸，而其他搭配的鱼，可以同时入缸，或者随后陆续放入。搭配鱼要注意规格，不能威胁银龙鱼的安全。

采取银龙鱼与其他鱼混养方式时，放养的各种鱼类通常规格都是接近成年的，主要是一般观赏鱼到这个规格后生存能力最强，自我保护能力也比较强，所以放养的银龙鱼也基本是 40 厘米以上的规格。这样的混养缸，各种鱼放养的先后顺序是比较重要的，一般是喜欢群体活动的、攻击性弱的鱼先放，领域性强、攻击性强的鱼后放，银龙鱼可以第一个放，也可以等较弱小而友善的鱼（比如鹦鹉鱼、泰国鲫、金菠萝鱼等）安顿下来后再放入。

银龙鱼放养时，也需要像放养亚洲龙鱼那样“过水”。过水的操作步骤可参阅本书第二章“亚洲龙鱼的家庭观赏式养殖”一节，原则上是水质、水温差异越大过水需要的时间越长。

过水完毕后，将鱼袋内的水倒掉大部分，空气排掉，然后将鱼袋整个放入鱼缸，袋口朝下、放开，抓住袋子后部慢慢拎起，让鱼自己游入鱼缸。

鱼入缸后的第一周最为关键。头两天主要是注意观察，对放入鱼缸的各种观赏鱼都是如此。如果各种鱼的放养有先后，先放入的鱼可以开口吃食了就开始投喂，不必顾忌后面放入的鱼而特意停止投喂，后放养的鱼早有摄食意愿也不是坏事。

放养后的观察主要是看鱼的状态，看各种鱼的活动状态是否符合其本性，看鱼之间有没有激烈的打斗，看鱼有没有皮肤充血、呼吸急促等应激反应，看鱼体表面，特别是尾鳍末梢是否有溃疡或炎症。如果有行为异常情况，首先检查水质、水温；如有比较强烈的应激反应，可以往鱼缸里投入几片维生素 C；如果有溃疡或炎症，看看是个别还是普遍情况，再进行诊断和处理。

（三）日常管理

日常管理包括每天要做的：观察、饲喂；每隔一段时间要做的：水质检测和调控。

观察的对象是鱼缸里所有的鱼的状态，还有设施器材的运转情况。观察的内容当然是它们是否都处于正常的状态，平时活动或栖息是否符合这种鱼的本性，另外还有鱼的体表光泽是否正常，有没有炎症、溃疡、出血、身体黏附异物（包括拖粪），如果有异常，应参照“龙鱼疾病的防治”一章给出的办法及时处理。

设施器材方面注意是观察水温是否正常，连接气泵的气石是否正常出气，水泵出水的流量是否正常，过滤盒水流是否通畅，过滤棉是否需要清洗。

在两种不同的养殖模式中，投喂饲料的方式略有差别，在银龙鱼群养模式中，搭配养殖的其他鱼很少，主要考虑怎么喂养银龙鱼，然后看搭配的鱼是不是也会吃投喂给银龙鱼的饲料，再决定搭配的鱼是不是也需要专门的投喂。

半成年和成年的银龙鱼，人工投喂的主要饲料是鱼肉（包括活鱼、冰鲜鱼、切块的鱼肉）、虾（包括活的和冰鲜的全虾和虾仁）、大麦虫、面包虫、蜈蚣、其他昆虫及人工颗粒饲料等。实际养殖当中，最多采用的饲料是小鱼，其次是冻虾。用小鱼喂养银龙鱼的好处是方便、营养全面、对水体的污染小，但是传染疾病的风险比较大是它致命的缺点。一般人们买一批小鱼来，一部分放在暂养缸或者水桶里养着，每天捞一些喂银龙鱼，另一部分因为暂养容器养不了那么多，也养不了那么长时间，所以用塑料袋装着，放入冰箱冷冻，等活鱼吃完了再用。

为了减少投喂小鱼给观赏鱼带来疾病的风险，通常采取以下几项措施。第一是购买的小鱼必须是活的，而且在商店出售的时候，它们的状态是正常的，有积极顶水的表现，这些鱼的身体表面也有正常的鲜亮光泽，没有明显的炎症及过多的黏液等，另外暂养这些小鱼的水看上去比较干净；第二，买回来的小鱼要杀菌消毒，不论是准备活饲料的还是要冰冻的，都要先消毒。准备冰冻的小鱼可以用 2%~3% 的盐水浸泡，当其中约一半的小鱼昏迷时，将它们用手操网捞起，用自来水冲洗一下，然后装袋，放入冰箱速冻室，拍成 1 厘米厚的平板状冷冻。对那些准备暂养的小鱼，可以用 30 克 / 米 ^{3} 的高锰酸钾溶液浸泡 10 分钟进行体表消毒，然后放入清水中养殖，也可以用另一种办法，不进行专门的体表消毒，而是直接在暂养水中加杀菌剂和杀虫剂，推荐的消毒药方：①硫酸铜 0.5 克 / 米 ^{3}+ 强氯精 0.2 克 / 米 ^{3}；②硫酸铜 0.5 克 / 米 ^{3}+ 甲醛 20 毫升 / 米 ^{3}；③聚维酮碘（含有效碘 10%）0.5 毫升 / 米 ^{3}；④甲醛 30 毫升 / 米 ^{3}。前两种药方兼具杀菌和杀虫作用，第三种药方有杀菌和杀灭病毒的作用，第四种药方主要有杀菌和杀灭原生动物的作用。

用虾喂养银龙鱼时，不论用活虾还是冰冻虾，必须先去掉虾的额刺，如果虾的个体较大，还应去掉整个头甲及大螯足。

人工颗粒饲料可以用来喂银龙鱼，有不少银龙鱼养殖者知道，但是更多的玩家不知道，或者没有尝试过。市场上有龙鱼颗粒饲料出售，号称是亚洲龙鱼的全价配方饲料，但是亚洲龙鱼基本上不会吃，银龙鱼倒是会吃，不过相对于银龙鱼的身价而言，使用这种昂贵的龙鱼饲料似乎太过奢侈，其实用鳢鱼饲料（广东称生鱼饲料）或者鲇鱼饲料（广东称塘虱饲料）等肉食性鱼类的饲料就可以了。

银龙鱼不是天生就接受人工颗粒饲料的，有些银龙鱼在养殖场经过驯化已经开始吃人工颗粒饲料，玩家买回去后可以直接用颗粒饲料投喂，也有些银龙鱼从来没有吃过颗粒饲料，这些银龙鱼需要经过驯化才能接受颗粒饲料。驯化的步骤一般是：首先停止喂活食，改为每天喂鱼肉块（冰鲜的整条小鱼都不行），经过 1 周左右之后，改用鱼肉和糠麸（或者颗粒饲料捣烂成碎粒）混合搅拌成的肉糜，这样喂 1 周左右后，停食 3 天，然后喂颗粒饲料，若拒食，再停食，直至接受颗粒饲料。混养鱼缸在停食鱼肉块之后就不再喂肉类，直接投喂颗粒饲料，其他鱼争食颗粒饲料会带动包括银龙鱼在内的肉食性鱼类改变食性，接受颗粒饲料。

采取银龙鱼群养模式的鱼缸，不论投喂哪种饲料，每天只喂一餐，七八分饱即可，投喂时间最好是傍晚。

采取银龙鱼与其他观赏鱼混养模式的鱼缸，其投喂与上述模式略有不同，要看鱼缸是否有主导鱼，有主导鱼的话就按主导鱼的习性要求去投喂，没有主导鱼的话就按折中的办法，投喂所有的鱼都能接受的饲料或者对个别特殊的种类给予特殊的待遇。

以最常见的银龙鱼与鹦鹉鱼混养的模式为例，一开始时投喂鹦鹉鱼专用颗粒饲料，看银龙鱼是否接受，如果不接受，每天一次在喂完鹦鹉鱼之后专门投入鱼肉块喂银龙鱼（鹦鹉鱼一天要喂两餐），1 周之后，停止投喂鱼肉块，使银龙鱼被迫摄食颗粒饲料。

水质检测主要内容是氨氮、亚硝酸态氮、硝酸根、pH、硬度、浊度及表面悬浮物，检测的频度是 1~2 周一次，溶解氧一般不需要检测，只要气石或者二合一水泵在往水里打气，就不会有什么问题。

具体水质指标要求是：总氨≤ 0.2 毫克 / 升，氨氮≤ 0.01 毫克 / 升，亚硝酸态氮≤ 0.01 毫克 / 升，硝酸根≤ 1.0 毫克 / 升，pH 6.5~7.5，硬度 5~10 dH°。如果有指标不符合要求，可参照“亚洲龙鱼的家庭观赏式养殖”一节，采取相应的措施。不论各项指标是否都合格，2 个月至少换一次水，换水比例约 1/3。

五、银龙鱼的繁殖和幼鱼的养殖

（一）银龙鱼的繁殖

银龙鱼主要栖息在亚马孙河主流及支流的水网地带灌木丛生的泛滥区，或者河湾处漂浮性水草聚生的水域，繁殖活动也是在同样的地区，雨季为主要繁殖季节（从开始产卵到最后一批鱼苗孵出），一般是每年 8 月至翌年 3 月。

银龙鱼雌雄同形，肉眼难辨。性成熟年龄为 3+，成熟后每年产卵 1~3 次，每次 100~300 颗，卵径 8~10 毫米，适宜繁殖水温为 26~28℃。雄鱼口腔含受精卵行孵化职责，受精卵经 50~60 天孵化之后成为有游泳能力的鱼苗。刚孵化出膜的鱼苗全长约 3 厘米，带有很大的卵黄囊，卵黄囊完全消失前处于亲鱼保护之下。

目前银龙鱼苗主要来源于原产地的捕捞，当地有从事活鱼出口的商家组织人员采捕或收购银龙鱼苗，多数是卵黄囊尚未吸收完毕的，收集到一定批量后通过航空运输发往世界各地，其中大部分经美国中转。

据说目前在东南亚也有鱼场繁殖生产银龙鱼苗，但是外界无法知道确切的规模，每年有多少产量至今还是未知数。这主要是因为生产商相信大部分的消费者认同捕捞的野生银龙鱼苗质量更可靠，所以不愿意让别人知道他们提供的鱼苗是人工生产的。从经济角度分析，我们认为在东南亚愿意从事银龙鱼苗生产的养殖场一定很少，因为银龙鱼苗的单价只有过背金龙鱼或者一级红龙鱼的 1% 还不到，即使产量高一到两倍，收入也差得太远。不管怎么说，目前上市的银龙鱼苗绝大部分是原产地捕捞的野生鱼苗。

在中国也有人尝试过繁殖银龙鱼，取得了技术上的初步成功。实践证明，在池塘繁殖银龙鱼不是什么难事，环境条件及技术要求都不是很高，但是经济上并未取得成功，其原因一是因为鱼苗价格与繁殖成本的关系，二是繁殖效率并没有预想中的那么高。

尽管如此，对银龙鱼繁殖技术的研究和实践并非毫无意义，或许有一天，野生资源不足以供应市场或者原产地国家采取限制措施（这是完全有可能的），这样银龙鱼苗的价格会立即飙升。另外，繁殖场对技术措施的细节加以改进后，繁殖效率一定会得到提高，这样，经济效果必定获得明显的改善，那就不愁没人去办繁殖场了。业余爱好者也可以尝试挑战银龙鱼的繁殖，

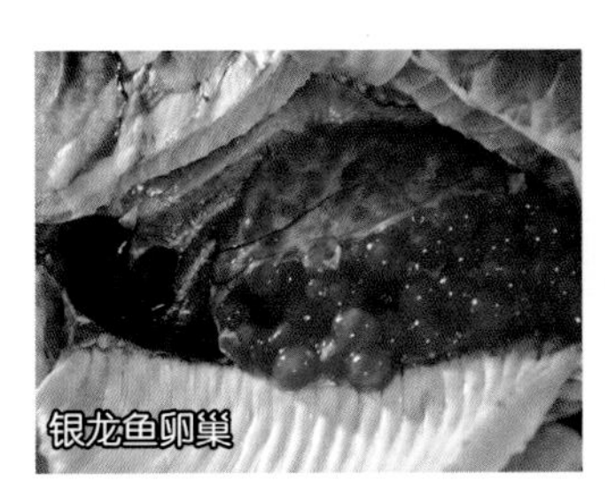
银龙鱼卵巢

产出而未受精的银龙鱼卵

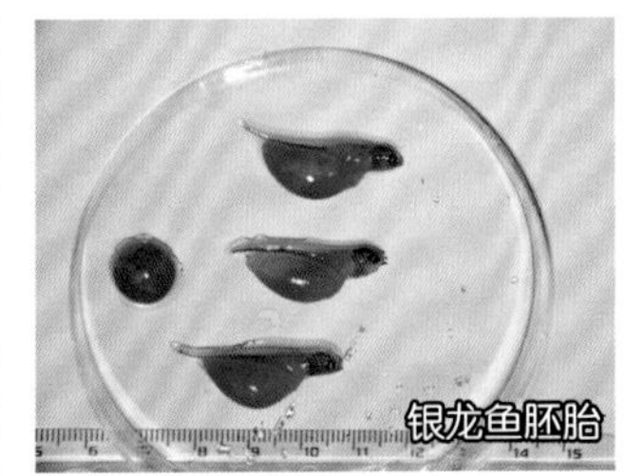
银龙鱼胚胎

这会比单纯的养殖有趣得多。

规模化的银龙鱼繁殖采用池塘中自由配对的自繁方式，池塘长方形，长宽比 2~3:1，面积 300~600 米^2，深度 2.5 米，蓄水深度 1.5 米，土质基底及塘堤，池堤坡度 1:1~2:3，池周边自然生长或人工种植挺水植物，如挺水植物无法生长则需养殖浮水植物（水浮莲等），覆盖池塘面积 1/10~1/5，水底设排水口，由排水管连接至排水渠或沉淀池，进水口在水面上约 50 厘米位置。池与池之间的堤面宽度 3~10 米。

池塘水温稳定在 24℃以上时将亲鱼放入，放养密度为 1 尾 /（4~8）米^2，放养的亲鱼要求无伤、无病、无畸形，全长大于 60 厘米（同池放养的规格相差不超过 15 厘米），年龄 3~8 岁，由于雌雄较难鉴别，最好一半体高较大的，一半体高较小的。

亲鱼入池后，每天投喂冰鲜饲料（鱼虾皆可）或颗粒饲料（针对已经习惯吃颗粒饲料的亲鱼）一餐，投喂时间以傍晚为好，投喂点每天保持一致，投喂量以没有剩饵为度，阴雨天减少投喂量。喂食时注意观察，晴好天气如发现鱼的食量减少，说明有鱼生病或者正含卵孵化，这时需要通过更加细致的观察进行判断。记录下食量明显减少的时间，以便为确定下网捞苗时间提供依据。

下网的时机对于银龙鱼的产苗效率是很重要的，因为在受精后 20 天内取出的胚胎，人工孵化的成活率较低，而如果鱼苗已经自由游泳了再拉网的话，损失更大，所以在池塘中群体繁殖的条件下，关键是第一次下网的时机要把握好，之后，每过 50~60 天下一次网，这样相对来说取到适当发育阶段的苗的机会相对大些，因为不同的亲鱼产卵的时间是不同步的，只能从概率大小去考虑。但是在目前，我们还没有掌握人工配对的技术，只能在池塘中群体繁殖，现在的科技水平下，即使我们对于银龙鱼雌雄鉴别有十足的把握，也不能强行配对，因为银龙鱼都是自行择偶的，强行配对没有什么好结果。

影响收苗效率的另一重要因素是技术，包括专门设计的工具。银龙鱼比亚洲龙鱼更容易吐卵（或胚胎），一旦卵或胚胎被吐出来，鱼的跳跃冲撞、网衣及淤泥的摩擦等都可能对胚胎造成致命的伤害，因此在拉网收卵时要注意，一是操作时不可喧闹，要尽量安静、缓慢的操作，二是尽可能不要让渔网拖带淤泥，三是使用较柔软的鱼网，四是网收拢来之后先把亲鱼赶到一头，把吐出来的胚胎或苗赶紧捞走。

收集到的胚胎要根据它们的发育阶段采取不同的孵化、保护措施，不会动弹的胚胎，可放在碗里面，碗置于鱼缸中，全部浸没在水中，用水泵或气泵带动水流，为胚胎供氧。

孵化时间较长、发育阶段较后的胚胎，可以用柔软的网布做出微型的网箱，放在网箱内继续发育直至能水平游泳，网箱外面用气泵打气带动气流或直接用微型潜水泵制造水流，以便使网箱内的水能缓慢地流动，不断给胚胎输送溶解氧。注意不能把气泵出气或者水流直接对着网箱，造成过大的冲击对胚胎是很危险的。

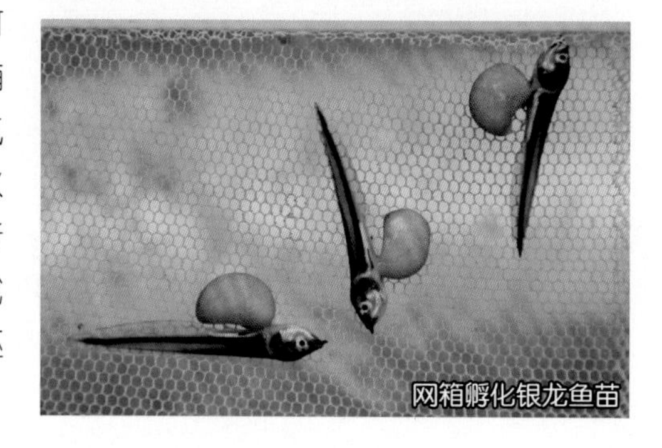
网箱孵化银龙鱼苗

（二）银龙鱼的鱼苗培育

卵黄囊尚未消失的银龙鱼苗

银龙鱼苗开始水平游泳即宣告胚胎阶段完全结束，是真正的鱼苗了。开始时银龙鱼苗腹部中央悬挂着一个卵黄囊，形状如水滴形（或称为水囊形、悬胆状亦可），大小似豌豆，此时仍不需要摄食，卵黄囊里面是卵黄，是它的营养源，当卵黄囊明显瘪下去，并且往鱼的腹部内收，看上去里面的卵黄剩下不到 1/3 了，才正在进入鱼苗培育阶段。银龙鱼的鱼苗阶段，通常是指从开始摄食到全长 15 厘米的阶段。

1. 鱼苗的养殖

开始时银龙鱼苗只能在小水体养殖，便于观察和管理，所以多数养殖户采用玻璃鱼缸养殖的方法，少数使用比较大的塑料方桶。

鱼缸规格以长 150 厘米 × 宽 60 厘米 × 高 50 厘米为标准，再长些也好，但深度不可随意增减。每个鱼缸备透气防跳缸盖一个，蓄清洁水 40~45 厘米，安装 1~2 个气动过滤器，过滤材料表观体积为蓄水量的 1/30~1/20，或者采用多缸共用净化系统，则过滤材料的使用量按照同样比例计算，同时要保证水体循环率为每 2~4 小时鱼缸内的水被过滤一遍。

养殖用水如是自来水，应该在进鱼前至少 3 天入缸并开启气泵打气，如非自来水，应提前用适量二氧化氯或漂白粉消毒备用。鱼缸入水后还要检查水的硬度和 pH，如果不符合要求，应在鱼苗进缸前调好。鱼苗进缸前调节水温至 26~28℃。

2. 鱼苗的放养

鱼苗放养密度因养殖条件而异，主要影响因子是系统对鱼苗排泄物净化处理的能力，即过滤系统的工作能力，以中等的净化条件和适中的换水率而言，鱼缸放养龙鱼苗密度为 500 尾 / 米 ^{3}，这样的密度可以维持到鱼苗全长达到 8 厘米时。

刚买回来的银龙鱼苗还带有卵黄囊，俗称脐带龙，如同一切刚刚出生的小生命一样，是比较脆弱的，对于恶劣环境的承受能力比较差，对于环境的突然改变也可能产生激烈的反应。因此，放养时的操作要注意轻柔、和缓。首先，将鱼袋内的气体排掉并换上新鲜的“高氧空气”（即先加一半空气再打氧至满袋），将换好气的鱼袋放在鱼缸或蓄水池水面进行“同温化”，半小时后，同温应该已经实现，开始过水，给鱼苗一个适应新水质的时间和过程。过水的过程要 1~2 小时，太快对鱼苗不利。具体操作是：先将鱼袋内的脏水放掉 2/3，剩下的水和鱼保留原处或倒入一个比较大的敞口容器，在保持氧气充足的条件下，以滴流的方式，缓慢加入与将要养这些鱼苗的鱼缸内同质的水。过水完毕后，用 10 毫克 / 升高锰酸钾浸泡鱼苗 2~5 分钟，再用柔软的密网将鱼苗捞进鱼缸，盖好防跳网。

3. 鱼苗的日常管理

鱼苗放入鱼缸当日及次日都不需要喂食，这两天的主要工作是观察鱼苗的状态和水质的变化，确定放养密度是否适当。第三天虽然鱼苗的卵黄囊还没有消失，还能为鱼苗提供一些营养，但是鱼苗已有摄食的需要，所以应该开始喂食。水蚯蚓和血虫（摇蚊幼虫）都是银龙鱼苗合适的开口饵料，由于水蚯蚓比较容易获得而且价格便宜，目前都以它为银龙鱼开口饲料，但是水蚯蚓容易传播疾病，投喂前应该漂洗干净，而且要消毒处理。第一次喂食数量大约每 1 000 尾鱼苗放 100 克水蚯蚓，次日投喂两餐，每餐投喂量不变，待卵黄囊消失后每天仍然喂两餐，但投喂量应随鱼苗成长相应增加。投喂量是否适当以 10 分钟恰好摄食完毕为判断标准，投喂量的参考值为：日粮（以水蚯蚓湿重计）= 鱼体总重 × 10%。

随着鱼苗成长，饲料的种类要进行调整，鱼苗规格 10 厘米左右，可投喂鱼肉、虾肉、蝇蛆，或者继续投喂血虫或水蚯蚓。

对水质的管理是日常管理中最重要的、占用劳动量最多的工作，首先应该确保对水质和水温的准确监测，水温应使用水银温度计测量，或用以水银温度计为标准调校好的电子温度仪监测，应使水温保持在 26~28℃。水质因子中最重要的是 pH、氨氮、亚硝酸态氮，这些指标应每天检测 1 次，以确定是否需要采取调控措施。

银龙鱼苗的主要水质指标是：pH 6.5~7.5，氨氮 ≤ 0.02 毫克 / 升，亚硝酸态氮 ≤ 0.01 毫克 / 升。对 pH 是否符合要求不能仅看其数值，要结合补充水的情况进行判断，如果养殖缸的 pH 比补充水低 0.3 以上，即使在指标数值范围内，依然是不合格的，出现这种情况最好的解决办法是加大换水量。

由于鱼苗养殖密度大，鱼苗的新陈代谢快，排泄以及呼吸产生的废物很多。鱼苗培育阶段应该每天用塑料软管通过虹吸作用，将缸底的剩余饵料及粪便吸除，同时换掉 1/8~1/5 的底层水，当水质指标接近有害区间时，加大换水比例至 1/3，要尽量避免因水质太差而不得不大量换水的情况，这样能保持水质良好及稳定。

当鱼苗长大到 15 厘米左右，进入幼鱼养殖阶段。

（三）银龙鱼幼鱼的养殖

12 月龄以内的银龙鱼都可称为幼鱼，由于银龙鱼常见的商品规格为 30 厘米，故而我们一般所说的幼鱼是指 15~30 厘米的规格。

银龙幼鱼可以在鱼缸、水池（包括水泥池或塑料水槽）、土塘中养殖，在不同养殖环境下，其设施配置、养殖密度及日常管理都有所不同。

1. 玻璃鱼缸内养殖

鱼缸规格以长 200 厘米 × 宽 60 厘米 × 高 50 厘米为标准，略大亦可，采用循环净化方式，单缸内循环或多缸共用净化装置皆可。配套设施要求与鱼苗阶段相同。

每隔一段时间需要疏减养殖密度，否则鱼苗长不大，而且水质会崩溃，具体密度可参考表 4。

表 4　鱼缸养殖银龙鱼密度参考

规格（厘米）	10	15	20	25	30
密度（尾 / 米 ^{3}）	300	150	100	60	40

每天投喂 1~2 餐，鱼苗规格 15 厘米左右，投喂饲料以鱼虾肉（包括适口的小型全鱼）为主，搭配蝇蛆或面包虫为辅；鱼苗规格 20 厘米，可以开始尝试投喂人工配合饲料，或新鲜鱼糜等。

每天投喂饲料后 20~30 分钟开始吸污，吸除残饵及粪便；每 3~7 天换水一次，每次换水量为鱼缸总水量的 1/5~1/3。

2. 水池养殖

水池面积应为 10 米 ^{2} 以上，池深 1~2 米，池内壁光滑，池四周加防跳围栏或池顶加盖网，配备气泵，平均 2~3 米 ^{2} 一个出气头，配备单池型过滤器（无过滤器亦可），按每立方米水体 10~20 升的比例配置过滤材料，按每小时循环 0.5~1 遍配置适当功率的水泵。养殖银龙用的水池可以是室内的，也可以是室外的，关键是内壁必须光滑、水温能保持在适宜范围内、光照适度。室内池在温度控制方面较有利，但要注意适度光照，建议在白天保持 1 500~2 000 勒克斯的照明；室外池必须加盖遮阳网，这有利于保持光照和水温两方面的适度。

鱼苗从玻璃鱼缸转入水池培育时，放养过程中需要为鱼苗提供适应水质的时间，较为科学的操作方法是：用 2/3 鱼缸水和 1/3 水泥池水混合作为包装用水，把将要放入池的银龙鱼苗装袋充氧，置于水泥池内，15~20 分钟同温，解开鱼袋向袋内缓慢兑入池水，20~30 分钟后将鱼放入水泥池。有净化系统的水池，其放养密度按鱼缸的 1/2 计算；无净化系统的水池，放养密度再减半。

投喂的食物主要是冰冻小鱼、小虾、浮性颗粒饲料，每日定时投喂 1~2 餐或 3 餐，投喂冰鲜时需完全解冻，投喂颗粒饲料则需先驯化，并选择适口、营养价值高的饲料，投喂量以 10 分钟吃完为准。

每 3 天吸污兼换水 1 次，换水量为 1/3~1/2，定时检测水体内氨氮和亚硝酸盐浓度，一旦发现超标立即加大换水，并检查、排除过滤系统故障。

发现受伤或生病的鱼应及时捞出隔离，对病鱼及时诊断、医治。每个月泼洒聚维酮碘 1 次，药量为 0.3 克 / 米 ^{3}。

如发现规格参差较大或养殖密度过高，应及时筛选和间疏。

3. 池塘养殖

池塘面积应为 500~3 000 米 ^{2}，水深 2~3 米，淤泥厚度 ≤ 15 厘米，塘埂为土质，高过水面 50 厘米左右，池塘内侧护坡斜度 1:1.5~1:2，水面以上堤坝可保留高度不超过 10 厘米的细叶草类，内坡水下保留约 1 米宽的挺水植物围绕池塘，如无挺水植物可放养漂浮植物，如浮萍、水浮莲，覆盖水面 1/10~1/5。需有充足的符合渔业水质标准的水源。配备旋涡风泵及相应的送气管、气石，作为备用的增氧设备，在必要时使用，风泵的配套功率一般为 0.5 瓦 / 米 ^{2}。

放养密度是 1~2 尾 / 米 ^{2}，放养规格是 10 厘米以上，最好达到 15 厘米以上，同一池塘所放养的银龙鱼应尽可能规格一致。

为调节水质，主养银龙鱼的池塘应适当搭配白鲢，一般放养体长 20 厘米左右的白鲢，密度为 100~150 尾 /1 000 米 ^{2}。

首选饲料是浮性颗粒饲料，驯食最好在放塘前完成，如果放入池塘之前未驯化摄食颗粒饲料，入塘后也可驯化，但个体适应速度有差异，将导致规格差异逐渐拉大。每日早晚各投喂 1 餐，每餐以 10 分钟吃完为度。投喂地点要固定，面积大的池塘应多设几个投喂点，每个投喂点设浮框以使饲料不致漫塘漂走。

养殖中期是高温季节，应注意观察水色、鱼情，如果水过肥，透明度不足 35 厘米，应及时换水，水分蒸发导致水位下降，也应及时加水。

每个月泼洒 1 次二氯异氰脲酸钠或三氯异氰脲酸钠，用量 0.2~0.3 克 / 米 ^{3}。

水温下降至 24~25℃时，应及时将银龙幼鱼捕起转移至温室内，在玻璃鱼缸内至少适应一周时间，才可上市销售。

4 其他龙鱼的观赏式养殖

骨舌鱼科总共有 7 个现存种类，除去前面已经大篇幅介绍过的亚洲龙鱼和银龙鱼，还有巨骨舌鱼、南美黑龙鱼、非洲黑龙鱼、珍珠龙鱼、星点珍珠龙鱼 5 种，都是观赏鱼，其中除了巨骨舌鱼在观赏鱼市场的名气较大、民众认知度较高外，其他 4 种都不是主流，养殖的人较少，在目前情况下，繁殖和鱼苗培育都不是爱好者关注的技术，因此我们直接介绍它们的观赏式养殖。

一、巨骨舌鱼的观赏式养殖

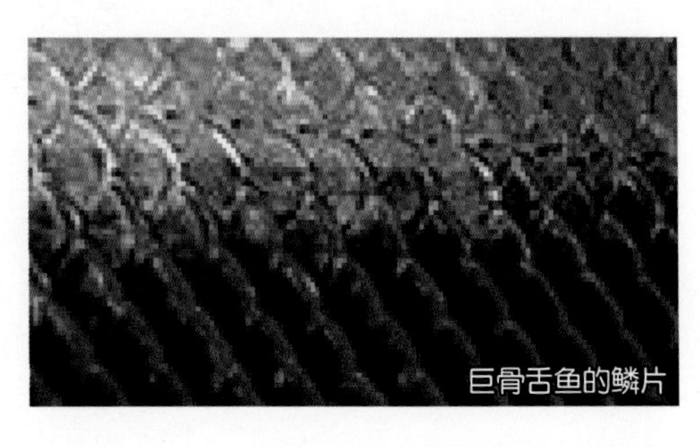
巨骨舌鱼的鳞片

巨骨舌鱼是世界上最大的淡水鱼之一。体型巨大，身长形，后部稍侧扁。头部骨骼由游离的板状骨组成。口大，无须，无下颌骨，舌上有坚固发达的牙齿，有特殊的鳃上器。鳔四周富有血管，内表呈蜂窝状，具一定呼吸功能。鳞片大且硬，呈镶嵌状。背鳍和臀鳍位于体的后部，互为相对。胸鳍位低，腹鳍位腹部之后。尾部因背鳍与臀鳍接近尾鳍而致外形钝圆。体灰绿色，背部颜色深，腹部较淡，尾鳍及体后部红色。

巨骨舌鱼是古老的原始鱼类之一，以鱼、虾、蛙类为食，生殖季节挖穴产卵，一般是在沙质底挖一个深 15 厘米、宽 50 厘米的坑穴，雄鱼护幼发育 2~3 个月，等幼鱼能独立生活后才离开。巨骨舌鱼像鲑一样在浅滩产卵，1—5 月为产卵期，4—5 月为盛产期，约 16 万个卵分数次产下，卵约 5 天就可孵化。此时雄鱼的尾部变成红色，保护卵及刚刚孵化的幼鱼主要是雄鱼的责任，而雌鱼也会在附近游动，驱赶靠近的其他动物，协助雄鱼保护幼鱼。幼鱼的头是黑色的，雄鱼的头也是黑色的，所以幼鱼常围绕着雄鱼的头周围而不愿离去。

巨骨舌鱼分布于亚马孙流域，属于限制贸易种类，目前数量及个体大小均呈下降态势，现存野生鱼的数量据估计为 5 万 ~10 万尾。其主要栖息地在亚马孙河的干流，巴西、玻利维亚、厄瓜多尔等地，在其原产地曾经是重要的经济鱼类，甚至在一些地方是主要经济鱼类，是当地土著的重要蛋白质来源。由于捕捞技术提升以及捕捞强度加大，近几十年来资源数量急剧下滑，当地在加强保护、限制捕捞的同时，也开展了人工繁殖的研究。根据 2013 年 12 月的一份新闻报道，巴西阿克雷州水产养殖中心经过多年研究，成功掌握了人工批量繁殖巨骨舌鱼鱼苗的技术，2013 年估计能培育 10 万尾规格达到 10 厘米的鱼苗，当地有关部门准备将人工繁殖生产的这些鱼苗，交给当地的水产养殖场，养成后作为食用鱼，间接起到减少捕捞、保护自然资源的作用。

巨骨舌鱼是骨舌鱼科所有现存物种中最大型的，因而被称为“巨龙鱼”，是世界上最大型的淡水鱼之一，它与湄公河淡水蝠鲼、湄公河巨鲇究竟谁是最大的淡水鱼是一个被经常提起的话题。一些资料给出的此鱼最大规格是 6 米，而有事实依据的该鱼最大规格是全长 2.6 米，体重约 180 千克。现在该鱼最常见的规格是全长 1.5~2 米，体重 100 千克左右，人们在水族馆见到的以及原产地捕捞的常常是这个规格的。

接近成年时，巨骨舌鱼的尾鳍以及身体后半部的鳞片，呈现鲜红的颜色，开始时只是身体后部较小范围内一些鳞片的边缘变成鲜红色，类似金龙鱼的鳞框那样，尾鳍也只有一些较小的红色斑纹，随着鱼的成长，“鳞框”加粗的同时，覆盖红色鳞片的范围也逐渐扩大，尾鳍的红色斑纹也日渐浓郁，到成熟时，身体后 2/3 呈现鲜红色，前 1/3 近似青铜色，光泽度较高，有金属感，煞是艳丽，所以在原产地以外的地区，巨骨舌鱼是被当作观赏鱼来养的。又由于这条鱼体型硕大，适合用于对公众展示，所以是水族馆最常见的鱼类之一。当然，此鱼也可在家庭中养殖。

适宜的水温为 24~29℃，最低生存水温为 22℃，适应 pH 6.0~8.0，硬度偏软至中等，溶解氧≥3 毫克 / 升。因为巨骨舌鱼有辅助呼吸的鳃上呼吸器能直接呼吸空气，而且鳔也有吞咽空气获得氧气的能力，对水体缺氧具有很强的耐受能力。

（一）养殖器具

养殖巨骨舌鱼需要足够大的空间，因此水体至少要达到长 3 米、宽 1.5 米、深 1 米，容器（水池或水槽）的深度最好能达到 1.5 米，水体达到长 5 米、宽 2 米以上最好。容器应位于地面以上，并且向外的一面应该是透明的（玻璃或者亚克力），以便从侧面观赏此鱼。容器底和侧面应该表面光滑，材料应有足够的厚度以承受水体的巨大压力和鱼的冲击。水体内尽量不要有突出的物体，如果要进行装饰，建议采用背景板，另外可以考虑放几块大型的鹅卵石。

由于该鱼食量巨大，而且只吃肉食，每天产生大量的污染，需要采取循环净化，考虑到该鱼巨大的冲击力，而且习惯在水底活动，不宜采用底砂加网管的过滤方式，较理想的循环净化模式是类似于锦鲤展示池常用的间壁过滤，或者在池壁贴近底部的位置开孔，用水管将水引入池外的过滤槽或者砂缸等过滤装置加以净化，然后把经过处理的水引导流回水池的上层。

养殖池必须配备加温设备，因为在我国除海南岛南部之外，冬季即使是室内，即便有住房暖气供应，也不能保证水温在 24℃以上。在目前技术条件下，观赏水池的加温设备以太阳能热水器和空气源热泵相结合为好。由这些设备加热的水，由循环管道引导形成环流，中间经过一段安装在鱼池中或鱼池过滤槽中的金属盘管，把热能传递给养殖水之后，管内的水再回到太阳能热水器或空气源热泵中，循环加热。

（二）养殖管理

集约化的养殖是在养殖场进行的，一般进口到国内的巨骨舌鱼苗规格是 10~20 厘米，养殖场要将它们养殖到 50 厘米以上才出售，这个阶段的养殖器具可以是鱼缸，也可以是水池。

不论是鱼缸还是水池养殖，设施可以参考银龙鱼幼鱼，养殖密度大约为同规格银龙鱼的 1/2（因为同样长度的巨骨舌鱼要比银龙鱼重 1 倍），饲养管理同样可参考银龙鱼，甚至可以考虑在巨骨舌鱼成长到 30 厘米以上使用人工颗粒饲料。

观赏式的养殖一般从全长 50~60 厘米开始，因为这是市场上常见的零售规格。更大规格甚至达到 1.5 米的当然也可以买到，但是大规格的运输困难，而且长度每增加 1 倍，体重就增加到原来的 8~10 倍，价格也高达原来的 5~10 倍，因此大多数客户都不选择购买 80 厘米以上的巨骨舌鱼。

1. 家养巨骨舌鱼的挑选

挑选时需要注意体型和健康状况两个主要方面。体型方面的要求是体轴正、胖瘦适中，常见缺陷是身体弯曲（弓背等）、过瘦（过于细长、腹部憋塌）；健康状况的观察和判断，与亚洲龙鱼及银龙鱼基本类似，主要包括几项内容：色泽、活力、泳姿、体表异物、体表（包括各器官）损伤等。

色泽：巨骨舌鱼的体色为铁灰色、古铜色、橄榄绿等，野生鱼一周岁前鳞片还没有红色显现，人工养殖的幼鱼会因为生产商在饲料中添加了扬色物质，而较早发色，鱼体后部上会有不规则分布的圆形红色鳞片（自然发生的鳞片不是整片红色，而是鳞片后缘先变红的）。不论是否已有红色表现，最重要的是，身体表面应该有自然光泽，这是鳞片外的黏膜正常的标志。

活力：幼鱼通常比成鱼表现更活跃，多数时间应该在水体的中下层缓慢地游动，短时间内静止不动或原地悬停也是正常的，但是如果长时间不动，或者不停歇地快速游动都是不正常的。

泳姿：最重要的是左右轴的平衡，游动时应该走直线，匀速，左右轴与水平面平行，也就是身体不能向一边侧。对于巨骨舌幼鱼来说，头尾轴不与水面平行是正常的，主要是因为它们总在不断变换水层，一会儿向上游、一会儿向下游，所以头部上仰或下倾都是正常的。

表面异物：健康的鱼体表覆盖薄薄的透明黏膜，如果黏膜发白，或者体表黏附污物，都是病态的表现。另外，如果肛门外拖挂粪便，这尾鱼的健康状况可能也存在问题。

体表损伤或病灶：鳞片、鳍条缺损或者形态异常，或者身体上有糜烂、发炎，都是值得关注的。鳞片脱落可以再生，鳍条折断或损伤也可以再生，但是再生时容易发生偏差，鳞片还好些，鳍条折断或缺损了之后，愈合或再生如果处理不好，往往会留下影响美观的痕迹。红肿、糜烂、发炎的情况往往是与病原性的疾病相关的，如果仅仅是外伤造成的很小范围的炎症，或许能够自愈，如果不是这样，那是真有病了，千万小心，不要买这样的鱼！

鳍：主要是看各鳍是否自然张开、有没有缺损或伤后愈合痕迹，偶鳍是否对称，尾鳍是否团扇形的，尾鳍的外缘有没有糜烂发白的情况。

在其他方面，比如体表器官眼、嘴、鳃盖、头型等，巨骨舌鱼一般不容易出现异常的情况，但是在选购时还是应该认真观察的。

2. 放养

巨骨舌鱼虽然体格庞大，而且是肉食性鱼类，但是它们除了繁殖时有比较强的领域性之外，其他时候，或者在不具备繁殖条件的地方，它们相互之间很少打斗，对其他种类，特别是规格差不多的其他鱼，几乎不会主动攻击，所以养殖巨骨舌鱼往往采用群养加混养的模式。

观赏式的养殖，放养时即使规格只有五六十厘米，也要按 1.8 米的规格预备水体空间，因为人工养殖的条件下，巨骨舌鱼长到 1.8 米之后成长就很有限了，而到了接近 1.8 米的规格，搬动和运输都很困难，对于非专业的养殖者，几乎是不可能的事，所以小的时候多养几条，等长大之后再处理掉多余的鱼的做法，对于巨骨舌鱼而言是不可行的。

一般而言，养一尾巨骨舌鱼需要预备 8~10 米^{3}的水体空间，每增加一尾增加 5 米^{3}的空间。至于搭配养殖的其他鱼，成年体重与巨骨舌鱼相差甚远，只要不是作为主要养殖品种而把巨骨舌鱼作为陪衬，就不需要另外增加养殖空间。

适合与巨骨舌鱼混养的种类不多，因为要有相当大的规格，才能避免成为巨骨舌鱼的饲料。另外，巨骨舌鱼活动区域是水体中下层，其他底部活动的鱼类不太适合与之同缸养殖。目前已知的混养种类主要有：雀鳝（俗称长嘴鳄、福鳄）、丝足鲈（包括俗称红招财、金招财的两个种类）、金目丽鱼（帝王三间）、锦鲤等。另外，一些中国产的大型食用鱼，也可以作为巨骨舌鱼池中混养的对象，比如草鱼、青鱼、鳙等。

放养的操作比较简单，开启水池的循环净化及增氧设备，在水池的水质达到养殖要求之后，把运来的巨骨舌鱼经过同温、过水之后，放进水池就行了，再过 2 天之后开始喂食，进入稳定的日常管理阶段。需要提醒一下的是，混养其他种类的鱼应该在巨骨舌鱼还只有 50~70 厘米的时候放入，放养时的规格也应该与巨骨舌鱼接近，这样较有利于保持水池内的和平环境。

3. 日常饲养管理

与银龙鱼的观赏式养殖一样，日常饲养管理包括每天要做的：观察、饲喂；每隔一段时间要做的：水质检测和调控。

观察的对象是鱼缸里所有的鱼的状态，还有设施器材的运转情况。观察的内容当然是它们是否都处于正常的状态，平时活动或栖息是否符合这种鱼的本性，另外还有鱼的体表光泽是否正常，有没有炎症、溃疡、出血、身体黏附异物（包括拖粪），如果有异常，应及时处理。

设施器材方面注意观察水温是否正常（必须为 24~29℃），连接气泵的气石是否正常出气，水泵出水的流量是否正常，过滤盒水流是否通畅，过滤棉是否需要清洗。

水质检测一般 2~4 周一次，主要检测指标是氨氮、亚硝酸盐、pH，如果鱼不太正常，那就需要检测所有相关指标，包括硝酸盐浓度、溶解氧、硬度等。检测的目的是将水质控制在适宜的范围内，如果检测到某个指标接近临界值，即快要突破巨骨舌鱼适宜的范围，首先就要换水，换掉 1/5~1/3 的水，再根据具体哪个指标突破或接近临界值，采取相应的处理办法。

投喂的主要饲料是鱼肉（包括新鲜或冷冻的整条鱼或切块的鱼肉，关键是大小要适口）、蛙类（比如牛蛙）、人工饲料等，如果买来的巨骨舌鱼原先是吃活鱼的，一定要驯化成吃新鲜的死鱼，再改成吃冰冻后解冻的鱼，这样，饲料就不成问题了。不管什么时候，冰冻的鱼一定要解冻以后才投喂。

全长 1 米以下的鱼，每天投喂 1 餐，每餐喂食量为体重的 5%~10%，全长 1 米以上，每两天投喂 1 餐，每餐投喂量为体重的 3%~5%，投喂过后 10 分钟，发现有未吃完的食物，及时捞出，并且在下次投喂时减量。

二、南美黑龙鱼的观赏式养殖

南美黑龙鱼又名黑带、黑龙吐珠、蓝带等，中文学名为青鳉骨舌鱼或费氏骨舌鱼，体型与银龙鱼几乎没有什么差别，成鱼的色泽与银龙鱼的差别也不很明显，但是幼时体色斑纹与银龙鱼不同，一直到全长 30 多厘米时差别仍然很明显。

虽然体型与银龙鱼很相似，习性却很不相同。南美黑龙鱼是摄食浮游生物的，准确地说应该是浮游动物食性。笔者曾尝试用小鱼、鱼肉、虾投喂，一概被拒食，后来发现只有血虫（摇蚊幼虫）可以作为长期使用的饲料。

对于南美黑龙鱼，不光中国的观赏鱼养殖者不熟悉，国际上的研究者或者养殖行家也很少，相关的资料比较缺乏，而且有限的资料还相互矛盾，比如成年最大规格，有的说是 120 厘米，有的说是 60 厘米，也有折中的，联合国粮食及农业组织旗下的 Fishbase 上说是 90 厘米；再比如活动的水层，有说上层的，有说底层的；当然也有一些技术数据是大家都认同的，比如分布于亚马孙支流黑水河。鉴于此，关于南美黑龙鱼的养殖技术，可参考借鉴的资料有限，我们只能根据自身有限的实践经验、有限的资料，结合生物学、生态学、功能结构学说等科学原理，为您做简单的介绍和推演。

从南美黑龙鱼的形态看，它的口是斜向上方的，应该适合摄食来自上方的食物，水底的或者淤泥中的食物对于这样的嘴来说是不方便的。另外，水底的光线很弱，特别是在黑水河，在水底视觉几乎失去作用，所以栖息于水底的鱼类应该有发达的触须，比如胡子鲇一类，眼睛很小，因为不需要而退化，而触须发达，在水底觅食主要靠触须的触觉。而南美黑龙鱼，它短小的颌须绝对不可能作为探寻食物的工具，它摄食的对象一定是在水的上层或表面，而细密的鳃耙正是摄食浮游生物的鱼类的特征。因为所有浮游生物，包括浮游植物和浮游动物，都生活在水的上层：浮游植物需要阳光的照射，以便进行光合作用，所以必须在水的上层，以便接受足够的光照，而浮游动物是以浮游植物为食的，它们游泳能力不强，所以必须待在浮游植物丰富的水体上层。实际情况也是这样，我们只要认真观察一下就能发现，南美黑龙鱼大部分都是活动于水体上层，很少去水底活动。

南美黑龙鱼由于臀鳍、背鳍和尾鳍的华丽而有略带梦幻的色彩特征，受到观赏鱼爱好者的喜爱，但是该鱼有点神经质，怕惊扰，不太适合养殖在经常接触陌生人的地方，这是南美黑龙鱼没有像银龙鱼那样被广泛养殖的主要原因。也因为如此，南美黑龙鱼不宜作为水族馆展示鱼，但既然是观赏鱼，当然是养来看的，养在不怎么接触陌生人的地方，供鱼主等少数几个人欣赏还是可以的。

适宜的养殖容器是长方形玻璃缸，有盖，规格大致是长 1.5 米左右，宽 50~80 厘米，深 50~70 厘米，黑色哑光底板安装在鱼缸内作为背板（不要把黑色背板安放或贴在鱼缸外面，以免鱼缸背板变成一面镜子，那样会使鱼经常受到惊吓），上盖安装防水紫光灯或黑光灯 1 支，功率 15~25 瓦，整个鱼缸要安放在安静、比较阴暗的地方。安装过滤系统，可采用生化棉过滤器，也可用底部过滤器槽或侧壁式过滤器，不要使用缸底生物砂的过滤方式及上部过滤槽的过滤方式，如果是水泵带动循环的过滤方式（除生化棉过滤器之外，各种过滤都属于此类），水泵进水口不要紧贴缸底，流速不可太大，另外，在进水口外要加网罩，防止食物被吸走。

鱼缸内可无装饰，最好还是用一块沉木，种上（或者说是绑上）水榕或者苔藓，直接放在缸底四六开的位置，不需要怎么固定。

放鱼之前先把鱼缸安装好，放好水，开启过滤及增氧装置，另外，取 20~30 片莫氏榄仁叶叠成一摞，扎成捆，浸没在过滤槽流水经过的地方，这样不但能降低水的 pH 使水呈弱酸性，并且慢慢使水的颜色转变为老水的褐色，接近南美黑龙鱼的老家黑水河的水色，有利于消除其心理紧张。

在放鱼之前，检查一下水质、水温。在气温低于 30℃的季节，应该启用自动控温电加热棒，使水温处于 25~28℃。水质方面，要求基本与银龙鱼一致，可以参考本书相应章节。

（一）选购

南美黑龙鱼与银龙鱼非常相似，其选购可以参考本书银龙鱼选购一节，选购的着眼点无非就是这些环节：

①健康状况；②泳姿（与银龙鱼一样活动于表层）；③活力；④色泽；⑤体型；⑥嘴型；⑦颌须；⑧眼球；⑨鳃部；⑩鳞片；⑪后三鳍（背鳍、臀鳍、尾鳍）；⑫胸鳍。

上述 12 个方面都与银龙鱼基本一致，唯有体色，包括身体表面从头至尾，躯干和鳍的颜色，南美黑龙鱼与银龙鱼是不一样的。南美黑龙鱼躯干的颜色比银龙鱼略深，背部不是银龙鱼的草绿色或土黄色，它是银质光泽下面透着微微的蓝色或灰色，鳞片中间不应有粉红色的暗纹。后三鳍（背鳍、臀鳍、尾鳍）都有 3 种颜色，边缘的橙色、基部的灰蓝或浅蓝、交界处的靛蓝，在后三鳍延续着，似乎外缘包了橙色的边一样。对于南美黑龙鱼而言，包边及交界处的特殊颜色，反差越大越好，相互连接形成的线条越流畅越好。

（二）放养

在鱼缸空载运行 3 天以上，确信水质、水温符合要求后，可以放鱼了。由于南美黑龙鱼胆小，有些神经质，适合与它们混养的观赏鱼不多，普通神仙鱼（又名燕鱼）是最佳选择，血鹦鹉鱼也可以，数量不可太多。一般家庭装饰性养殖的放养规格是 25~30 厘米，一群（至少 3 尾）同样规格的南美黑龙鱼同时入缸，而搭配的观赏鱼，可以同时入缸，或者随后陆续放入。

南美黑龙鱼放养时，也需要像放养亚洲龙鱼那样“过水”，过水的操作步骤可参阅本书第二章“亚洲龙鱼的家庭观赏式养殖”一节，原则上是水质、水温差异越大过水需要的时间越长。

鱼入缸后的第一周要注意观察，头两天不要喂食，第三天开始投喂少量饲料。放养后的观察主要是看鱼的状态、体表是否干净、鱼之间有没有打斗过的痕迹、有没有皮肤充血、呼吸急促等应激反应，看鱼体表面——特别是尾鳍末梢是否有溃疡或炎症，如果有行为异常情况，首先检查水质、水温是否处于正常范围，根据检查和观察到的异常情况采取相应措施。

（三）日常饲养管理

日常饲养管理包括每天要做的：观察、饲喂；每隔一段时间要做的：水质检测和调控。

观察的内容主要是鱼的状态、水温、设施器材的运转情况，发现异常要立即处理。

人工饲养南美黑龙鱼的主要饲料是浮游动物和血虫，丰年虫的幼虫也是浮游动物，可以用来喂养南美黑龙鱼，但是活的浮游动物不容易获得，也不好保存，丰年虫孵化虽然不难，但是为了几条鱼而每天孵丰年虫似乎太过麻烦，所以，一般都用冰冻的血虫。日投喂血虫或者浮游动物的量为鱼总体重的 5%~10%，每天 1~2 餐，南美黑龙鱼长到 40 厘米以上时，日粮体重比下降为 3%~6%。长期摄食一种饲料对于任何鱼类都不是很好的，可能造成营养缺乏症，如果是以血虫为主要饲料的，建议每两周轮换喂浮游动物 3~4 天；如果获得浮游动物比较容易，也可以它为主食，每周喂两天血虫。

用野外捞的浮游动物作为南美黑龙鱼的饲料，要注意两个问题：首先，不要在明显有工业污染的地方捞；其次，不管是在生活污水里还是在鱼塘或自然水体捞的，捞回来之后用清水养 1 小时左右，把水全部换掉，加氯制剂或碘制剂（都是鱼用消毒剂）杀菌，再把水换掉，加入螺旋藻，使浮游生物的营养价值得到强化，然后才可以拿来喂鱼。

水质检测主要内容是氨氮、亚硝酸态氮、硝酸根、pH、硬度、浊度、表面悬浮物，检测的频度是 1~2 周一次，溶解氧一般不需要检测，只要气石或者二合一水泵在往水里打气，就不会有什么问题。

具体水质指标要求是：总氨≤ 0.2 毫克 / 升，氨氮≤ 0.01 毫克 / 升，亚硝酸态氮≤ 0.01 毫克 / 升，硝酸根≤ 10 毫克 / 升，pH 6.5~7.5，硬度 =5~10 dH°。如果有指标不符合要求，可参照本书第二章“亚洲龙鱼的家庭观赏式养殖”一节，采取相应的措施。不论各项指标是否都合格，2 个月至少换一次水，换水比例约 1/3。

在此需要补充一下，南美黑龙鱼对于水质的要求与银龙鱼基本一致，酸碱度方面本来应该是弱酸性的，即 pH 6.0~6.8。这里之所以提出中性酸碱度的要求，是基于对我国多数地区自来水的酸碱度为中性这个现实状况，除非是刚刚进口来的鱼，只要在中国养过一段时间，都应该能适应中性水质，如果恰好买到刚刚进口来的南美黑龙鱼，养殖初期酸碱度应该调整到弱酸性，pH 6.0~6.8 比较合适，适应一段时间后再缓慢接近中性，比较好的做法是，开始时在过滤槽放置小捆榄仁叶或小瓦罐装 ADA 泥，启动循环系统后几天，酸碱度可降低到适当值，这时再把鱼放入，以后榄仁叶或者 ADA 泥都不再更换或补充，经过几个月，换几次水之后，水自然就接近中性了，而鱼也不会有明显的反应。

有传言说南美黑龙鱼喜欢弱碱性水质，不可误信此言。南美黑龙鱼原栖息地是亚马孙流域的黑水河，水之所以黑是因为有机酸太多，河水肯定是酸性的，而且这条河出产的其他鱼都是喜欢酸性水的，了解热带鱼的人都知道。

三、非洲黑龙鱼的观赏式养殖

非洲黑龙鱼

非洲黑龙鱼原产于尼罗河，学名尼罗异耳骨舌鱼，属骨舌鱼科异耳鱼亚科，我们认识的鱼当中和它最接近的是同属异耳鱼亚科的巨骨舌鱼。

该鱼体型与巨骨舌鱼类似，头较圆，躯干前半部分圆筒形，往后宽度缩小，逐渐侧扁。体色为深咖啡色，有时因适应环境而转为暗绿色、浅黄色或米色。嘴小，无须。胸鳍与腹鳍同样大小，腹鳍有6支梗骨，背鳍、臀鳍位置在身体后半部，尾鳍小呈圆形（与其他龙鱼一样，背鳍、臀鳍、尾鳍构成后三鳍）。鳞片较小，无花纹；侧线有32~38枚鳞片，侧线下6枚，侧线上4枚，鳃盖后缘有一黑斑。有鳃上呼吸器，能直接呼吸空气，补充水体溶解氧的不足。已知天然最大个体1米，重6千克。外形与我国常见的食用鱼乌鳢比较相像。

非洲黑龙鱼为杂食性偏动物食性，主要摄食水体中下层的小型动植物，包括各种蠕虫、昆虫的幼虫、小鱼虾，甚至还吃水草和植物果实（有人认为它们是吃浮游生物和小虫）。它以筑巢产卵的方式繁殖，筑巢的材料是树枝和水草，巢的大小有1米见方，繁殖期间卵产在鱼巢里，雌雄亲鱼或里或外轮流守卫。

非洲黑龙鱼原始栖息地是尼罗河中上游，尼罗河发源于非洲东北部埃塞俄比亚及布隆迪高原，流经布隆迪、卢旺达、坦桑尼亚、乌干达、南苏丹、苏丹和埃及等国，除了埃及在尼罗河下游之外，其他8个国家，即非洲黑龙鱼可能分布的8个国家，都属于热带。尼罗河上游流经热带雨林，所以非洲黑龙鱼的栖息地不同于那些非洲慈鲷，它所适应的水质应该是弱酸性至中性的。

非洲黑龙鱼不是热门观赏鱼，实际上它是非常冷门的，养它的人非常少，甚至一般人如果想买一条试试，都很难找到卖的。如果是以装饰环境为目的而养殖观赏鱼，非洲黑龙鱼不是合理的选择，但是如果喜欢观察特殊鱼类的特殊习性，非洲黑龙鱼有足够的资格作为被选择对象。

养殖非洲黑龙鱼需要比较大的鱼缸，建议长度不小于1.5米，宽度60厘米以上。缸中布置一些沉木，也可用石头搭成类似巢穴状（玻璃鱼缸慎用此装饰方式，以免万一石块被撞落而砸烂鱼缸），不要铺沙，不要种水草。要有循环过滤装置，上部滤槽、底柜过滤槽、外置过滤桶都可以，水流不要太大，鱼缸应避免阳光直射，应一面靠墙，环境要偏暗。加水后开启循环系统，至少运作循环净化系统3天后方可放鱼。水的酸碱度保存中性即可，硬度也没有特别的要求，中等即可。

市场销售的规格一般是20~35厘米，挑选时只要选身体健康、没有畸形、没有伤残的就行。放入非洲黑龙鱼1尾或5尾以上（数量少会打斗），可混养银龙鱼、丝足鲈（灰身体红尾鳍的红招财或肉红色身体的金招财）、多鳍鱼或者肺鱼等，混养对象可比非洲黑龙鱼稍大一点，或体重相当。

日常管理主要是水质管理和投喂。水质指标是：pH 6.5~7.5，氨氮≤ 0.02 毫克 / 升；亚硝酸态氮≤ 0.01 毫克 / 升。水温保持在 25~30℃。

人工喂养的主要饲料是血虫、水蚯蚓，由于水蚯蚓经常是致病菌和寄生虫的携带者，尽量不用为好。一般每天投喂 1 餐，投喂量随生长而变化，全长 30 厘米以下日粮投喂量为体重的 5%~10%，30 厘米以上日粮投喂量减为体重的 3%~6%。

四、澳洲珍珠龙鱼的观赏式养殖

澳洲珍珠龙鱼有两个种，分别是海湾巩鱼（*Scleropages jardini*，俗名珍珠龙鱼）和巩鱼（*Scleropages leichardti*，俗名星点珍珠龙鱼），它们彼此之间以及与亚洲龙鱼之间亲缘关系都很近，都属于坚体鱼属 *Scleropages*（又称硬骨舌鱼属）。

这两种龙鱼极易混淆，由于其中文名称多种多样，而且相似度又高，甚至英文名称也都不止一个，读者在查阅相关资料的时候，最好不要理会它的中文名和英文名，只看拉丁学名就行了。不过在这里，我们还是以上述的中文名来介绍它们，有拉丁学名对照，相信您不会将它们混淆。

简单地说，两种澳洲龙鱼的区别是：珍珠龙鱼原产地是澳大利亚北部和巴布亚新几内亚，它的鳞片中心没有红点；星点珍珠龙鱼原产地在澳大利亚东部，它的鳞片中心明显有红点。

星点珍珠龙鱼

所幸尽管名字容易混淆，由于这两种鱼的习性非常相似，养殖技术基本没什么差别，读者朋友在养殖管理过程中，搞不清它们叫什么名字也无妨，我们在这里讲述养殖管理时也不分别论述，通通都按“澳洲珍珠龙鱼”来管理就行了。

澳洲珍珠龙鱼小时候是集群活动的，长大以后才渐渐显现出领域性和攻击性，在全长 30 厘米之前，可以群养，七八条甚至几百条养在一个水体里，可以相安无事，共同成长，但是成年的澳洲珍珠龙鱼领域性非常强，非常好斗，比亚洲龙鱼而有过之无不及。

澳洲珍珠龙鱼观赏性养殖的鱼缸，长度应不小于 1.5 米，宽度 55 厘米以上。缸中可用沉木或稳定性较高的石头装饰。要有循环过滤装置，底柜过滤槽最佳，上部滤槽、外置过滤桶亦可，水流流速适中，交换率以 0.2~0.6 次 / 小时为好，忌阳光直射，应一面靠墙，环境要偏暗。加水后开启循环系统，至少运作循环净化系统 3 天后方可放鱼。水的酸碱度为 pH 6.0~7.5，硬度中等，如果水源为自来水，一般不用人工调节酸碱度和硬度。

澳洲珍珠龙鱼一个缸只能放 1 条（因为你不是把它养到 30 厘米就卖掉的），但可以和少数几种观赏鱼混养，比如鹦鹉鱼、泰国虎鱼（或者几内亚虎鱼）、魟鱼、红尾鲇（俗称狗仔鲸）、虎皮鸭嘴鲇等，如果要混养，你放养的澳洲珍珠龙鱼应该小于 30 厘米，而混养的其他鱼，一般应该比澳洲珍珠龙鱼先放入鱼缸，而且规格（体重、体长综合考虑）一定要把握好，不能相差太大，最好比澳洲珍珠龙鱼稍微大一点，这样大家都有足够的能力自保，而且不敢轻举妄动发起攻击。

日常管理主要是水质管理和投喂。水质指标是：pH 6.0~7.5，氨氮≤ 0.02 毫克 / 升，亚硝酸态氮≤ 0.01 毫克 / 升。水温保持在 25~30℃。要经常观察水质、水温情况，还要定期换水，即使净化系统很强、水质指标在适宜范围内，也要定期换水，同时要避免一次性的大比例换水，每次换水比例以 1/3 为限，1~4 周换水 1 次。

人工喂养的主要饲料是鱼肉、虾肉、昆虫、蜈蚣、蚯蚓、螺蚬肉等，与亚洲龙鱼一样，实际该鱼最喜欢的食物是昆虫，但是考虑食物储存和成本因素，日常使用鱼肉居多，一般每天投喂 1 餐，投喂量随生长而变化，全长 30 厘米以下可以喂十分饱，开始几天给它 10 分钟之内任吃，观察判断它每次饱食的饲料量，然后每天定量定时投喂，30 厘米以上每长大 5 厘米重新检查一下饱食量，然后按 35 厘米七八分饱、45 厘米六七分饱、50 厘米以上五六分饱来投喂。

另外，在混养鱼缸，尽量不要投喂活鱼，以避免因争抢而引起打斗，而鱼肉、虾肉也都是混养缸里各种鱼都接受的食物，要控制各尾鱼的食量比较困难，在投喂时要边喂边观察，哪条鱼没有吃到，接下来就把食物尽量投放到离那条鱼最近或者那条鱼最先能看到的地方。

5 龙鱼疾病的防治

疾病是龙鱼饲养者最担心、最头疼的事情，一方面是因为龙鱼价值高，特别是亚洲龙鱼，价值动辄过万，这绝不是一般人能毫不在乎的财产；另一方面，越是名贵的龙鱼越是多病，有些病还很离奇，在其他鱼类身上未发现，让人着急；还有第三个重要因素，很多人把龙鱼的状况和风水相联系，龙鱼有病时总疑心还有更倒霉的事情发生，让人坐立不安。

其实在专业人士看来，鱼有病是再普通不过的事情了，任何鱼都可能生病，只要内因或外因具备了疾病发生的条件，或者说内因或外因不完全符合鱼的生理要求，就有可能发生疾病。龙鱼的环境适应力一般，之所以被认为多病，主要是它和我们接触过的其他鱼类差别比较大，一般人对龙鱼疾病的了解不多。所以当龙鱼发生疾病时，我们不应因为紧张、忧虑而失去正常的判断，而是应该及时做出准确的诊断，采取适当的救治措施。为此，我们应该对龙鱼疾病有关的知识有一个充分的了解。

一、龙鱼发生疾病的原因

龙鱼发生疾病大体上有下面几种原因：体质、遗传退化、潜伏病原的发作、水温水质不适宜、致病生物的侵害等。

水族界把龙鱼划分为古代鱼一类，因为龙鱼在形态上与它们 2 亿年前的祖先几乎没什么差别，这一方面说明它们进化缓慢，另一方面也说明，其实它们的生长环境和 2 亿年前相比，并没有太大的变化，因为我们都知道，形态会随环境变化而逐渐改变，形态是对环境适应的结果。从龙鱼现在的情况来看，虽然美洲龙鱼、亚洲龙鱼每一个种类分布的地理跨度不小，但是银龙鱼也好，亚洲龙鱼也好，每个种类分布的范围内，不同水域气候条件、水质条件其实都非常相似，而且这些水域的气候水质条件季节性变化幅度很小。由于 2 亿年的时间内生活环境没有明显的变化，龙鱼的适应力没有得到磨炼，因此，虽然龙鱼的体质不算虚弱，自然生长的龙鱼就很少生病，但是龙鱼适应环境变化的能力较差，这也是龙鱼的体质特点，说明体质不是简单的好坏强弱的问题。与亚洲龙鱼相比，银龙鱼的发病概率要低些，这和它们分布环境更广不无关系。

（一）遗传退化

遗传退化是指遗传基因的退化，具体主要是群体遗传基因多样性的减少、个体基因的纯合度提高、基因的丢失等，造成遗传退化的主要原因是繁殖群体缩小、近亲繁殖、环境复杂性降低等。

亚洲龙鱼是国际一级濒危物种，现在已经完全禁止采捕野生个体，允许上市交易的都是野生龙鱼在经 CITES 授权的专业繁殖场繁殖的子二代（F_2）甚至子三代，每个鱼场原始亲本数量都是很少的，一般仅数十条而已，繁殖群体明显偏小，每繁殖一代遗传基因多样性程度就会减少一分、近亲程度都会加重一步，遗传退化应该是比较普遍的情况。现在不同的龙鱼场出产的龙鱼或多或少地带有各自的形态特征，恰好说明了各自纯合度的提高。

纯合度高的生物一般抗病力都比较差，龙鱼当然也不例外。

（二）潜伏病原的发作

很多病原生物具有潜伏性，有些原生动物以孢子体形式休眠，一些寄生虫以虫卵形式长期潜伏，还有一些微生物以休眠体方式潜伏，病毒则直接待在机体细胞内暂时停止复制。一旦龙鱼体质下降，或者外界环境发生了有利于病害发作的转变，都可能造成潜伏病原的发作。

（三）水温、水质不适宜

龙鱼的适温范围比较窄，而且对温度快速变化也不能适应，水温低于 25℃时，发生烂肉、水霉、小瓜虫的概率非常高，水温高于 34℃则发生细菌性疾病的概率大幅度提高。另外，短时间内水温变化超过 3℃，发生竖鳞病的概率会很高。

有几个水质因子对龙鱼生长、生存的影响是比较大的，这些水质因子在一定的范围之外，会令龙鱼感到不舒适，发生疾病的可能性就会大幅度提高。

pH 是我们通常最关注的水质因子，亚洲龙鱼的适应范围一般是 pH 6.0~7.0，最理想值是 6.0~6.5，也就是弱酸性的水，银龙鱼的要求也类似。当 pH 超出正常适应范围之外时，如果超出幅度不大，比如处于 pH 7.2~7.5 时，亚洲龙鱼能够长期忍受，但状态不好，不但色泽表现不好，体质也处于亚健康状态，对疾病的抵抗力明显下降。而当 pH 超出正常范围较大时，鱼的肾脏、鳃、血液循环都难以执行正常功能，将造成龙鱼的非感染性死亡，即龙鱼在没有感染细菌、病毒、寄生虫等病原的情况下死亡。另外，pH 的波动对龙鱼有很大的损害，会对龙鱼的肾脏功能造成破坏，一般认为，一日之内 pH 变化幅度超过 0.3 就会对龙鱼造成伤害，即使是在适宜 pH 范围内发生的变化。

水中的溶解氧含量对龙鱼的健康有较大的影响，溶解氧过低将直接造成龙鱼窒息死亡。长时间或经常性低于正常呼吸需要的最低阈值会造成龙鱼厌食、呼吸困难、呼吸器官畸变、免疫能力下降。银龙鱼的最低要求是 3 毫克 / 升，亚洲龙鱼的最低要求是 5 毫克 / 升。

龙鱼对水的硬度也有一定的要求，一般适宜的范围是钙镁离子浓度 40~120 毫克 / 升，硬度过低会影响龙鱼骨骼生长，硬度过高则会令龙鱼不适，增加发病的概率。

最受关注也最重要的水质因子是氮化合物，养鱼的水中氮化合物有很多种类：蛋白质、氨基酸、多肽、组胺、分子态氨、铵离子、亚硝酸根离子、硝酸根离子等，生物大分子如蛋白质、多肽等经微生物分解，其所带的氨基游离而成为分子态氨、铵离子，这两种氨类物质在水中是同时存在并相互转化的，在一定的 pH 条件下，有固定的比例。氨类物质在微生物的作用下经过两个短程硝化反应，先转化为亚硝酸根离子，然后再转化为硝酸根离子。

上述氮化合物中，分子态氨、亚硝酸根离子对鱼类都有比较强的毒性，过高的含量会直接造成鱼类中毒死亡（不同种类的鱼抵抗力不一样），即使没有达到致死的浓度，也会削弱龙鱼的体质，增加龙鱼发病机会，是必须严格控制的物质，含量越低越好。对于龙鱼来说，水中这两种物质最高含量都不能超过 0.01 毫克 / 升，而硝酸根离子毒性弱很多，最高含量不超过 10 毫克 / 升。其他氮化合物虽然不会直接毒害龙鱼，但是它们很容易转化为有毒的物质，也应该尽量减少它们在养殖水中的存在。

（四）致病生物的侵害

通俗地说是传染，致病生物从其他地方传染到龙鱼缸，侵袭鱼体而造成疾病。病原生物的存在是发生侵袭性疾病的条件之一，没有病原生物时即使鱼的身体不很强健也不生病，而病原生物多到一定程度，即使本来很强健的鱼也会发病。病原生物数量少时则是否发病取决于其他条件，比如体质、创伤、水质、水温、营养状况等。

不同的病原生物传染性不同，因此我们把疾病分为高传染性疾病、低传染性疾病、非传染性疾病。防范高传染性疾病发生最重要的办法，就是切断病原生物传入的途径，而防止非传染性疾病则主要通过调节养殖环境条件、增强鱼体抵抗力来实现。

家庭养殖龙鱼一般数量很少，从带有病原生物的其他龙鱼身上传入疾病的可能性很小，病原传入的途径可能是混养的其他鱼类、饲料鱼、新购入的水草、其他鲜活饲料等。

二、龙鱼疾病的预防

鱼类疾病控制的一贯原则是以防为主，治疗为辅。对于高档观赏龙鱼而言，防病更应该受到高度重视，因为一旦疾病发生，即使治愈也常常影响龙鱼的观赏价值。

预防龙鱼发生疾病，关键是在日常饲养过程中，认认真真在每一个环节落实防病要求，而不能寄望于“万能药”。在此，我们先讨论一下在日常饲养过程中应该落实的普遍性的防病措施。

（1）购买时注意龙鱼的健康状况，不要买带病的鱼。

（2）购买时尽可能了解龙鱼的来源、血统，应该向商家索要龙鱼的出生证。

（3）新买来的鱼一定要按照科学的程序入缸，即必须先同温、过水、鱼体消毒，然后才能放入鱼缸。

（4）放入龙鱼之前，鱼缸内水应确保清洁，不但看上去清澈无色、无悬浮物，而且水面没有浮沫，水体内无氯气及消毒剂残留。

（5）放鱼前硝化系统已运行 1 周以上。

（6）水质符合龙鱼饲养要求，酸碱度要定期检测，第一周要每天检测，如果每天没有变化，以后可改为每周检测一次，如果日变化超过 0.3，就必须改变调水方法。

（7）开始饲养后每周检测分子态氨、亚硝酸根离子各一次，如果超出安全范围应检查循环净化系统（即硝化系统）各个环节是否正常工作。如未能发现问题，建议先换水 1/5~1/4，再请专家帮忙检测循环系统。

（8）开始饲养后每个月检测硝酸根离子含量，如果高于 1 毫克 / 升，建议换水 1/5~1/4，如果高出很多，还应缩短换水周期。

（9）放养的其他鱼应先消毒，并且尽量不要把运鱼带来的水混入龙鱼缸。

（10）饲料通常是龙鱼的主要疾病传染源，因为一般养龙鱼者都给龙鱼喂鲜活鱼虾、肉类，这些动物性饲料所带的病原有一些是能直接侵害龙鱼的。防止饲料带入病原的办法是：尽量采用人工颗粒饲料（银龙鱼完全可以用人工颗粒饲料喂养，亚洲龙鱼据说经驯化后可以接受某些颗粒饲料），活鱼要先用清水养几天并消毒后才投喂，投喂昆虫的话也要确保它是健康的，要喂虾的话最好用新鲜的海水虾并去掉头胸甲。

（11）喂饵适量，投喂不可过饱，每天投喂 1~2 餐，小的时候每天喂 2 餐，达到成鱼规格后每天喂 1 餐就可以了。

（12）经常观察鱼的泳姿是否正常，体表是否光滑，肛门有没有突出、红肿、拖便现象，发现异常及时处理。

（13）龙鱼发生厌食情况时措施应得当。首先，不要过于紧张，因为正常的龙鱼在无病的情况下也会偶尔厌食一下，太过紧张而采取了不必要的甚至错误的举措反而会造成龙鱼疾患。因此当龙鱼拒食已经习惯的饵料时，应先观察是否有其他症状，如无其他可见症状，属单纯的厌食症，可停喂 3~4 天之后投喂蟋蟀或蜈蚣诱其开口。

（14）避免惊吓龙鱼的举动，不要让陌生人在参观时靠得太近或指指点点。

三、龙鱼疾病的诊断和治疗

预防措施做到位，能大幅度减少龙鱼发病概率，但是并不能确保龙鱼绝对不发生疾病，而一旦龙鱼发生疾病，及时的发现和准确的诊断是成功治愈疾病的关键所在。笔者有多次被人请去医治已经奄奄一息的龙鱼，有的全身肿胀，身体一部分浮出水面，无力地漂浮；有的卷曲着身体斜卧在缸底，神态非常凄惨，它们或者是病入膏肓才被注意，或者是被误诊甚至无诊的鱼主用各种药物的轮番轰炸，从鬼门关外面被推了进去。这些龙鱼本来多数有机会救回来的，就是因为没有及时、准确的诊断，结果只有少数幸运地捡回了小命。

（一）龙鱼疾病的诊断

首先，养龙鱼者每天都应该对龙鱼进行仔细地观察，不需要太长时间，几分钟就够了。主要观察这几个方面：摄食是否正常、游泳是否正常、身体表面是否光滑、是否有明显的伤痕或炎症病灶、身体上有没有多余的东西、身体的光泽度是否正常、粪便是不是正常的形态、肛门是否有红肿或者黏液及呼吸频率是否正常等。

当观察发现确有异常时，就要进行诊断。这里先介绍一般性诊断的程序，因为后面介绍具体的疾病治疗的时候会对具体某种疾病的诊断做详细论述。

诊断的第一步是肉眼观察判断。如果首先观察到的是行为的异常，那么就再仔细观察有没有器质性的病变：体表有没有糜烂、溃疡、红肿、出血、瘀血、脱鳞，肛门有没有红肿，鳍有没有开裂、缺损、糜烂，眼睛是否明亮等等。如果鱼的异常是与呼吸有关的，那就把龙鱼麻醉了，揭开鳃盖看看鳃部，有没有污物，颜色是不是鲜红的，鳃丝有没有缺损。

肉眼观察有时不足以成为准确判断鱼病的充分依据，那么应该进行第二步——检测。

如果肉眼观察没有发现器质性病变，那么水质、水温原因造成异常的嫌疑比较大，下一步应该仔细检测水温及各种水质因子，并查看以前的数据进行比较，应该能找到具体的影响因子。

肉眼观察发现有器质性病变，则应采集病变部位的组织或黏液，用显微镜作活体观察。

有些体内的疾病没有外在病灶，而对龙鱼又不可能解剖来检查体内器官，那就只有根据龙鱼的行为用前人积累下来的经验加以判断了。

（二）龙鱼疾病的治疗

鱼类疾病的种类一般根据发病的原因分为几大类，主要是细菌性疾病、病毒性疾病、真菌性疾病、寄生虫性疾病、非病原性疾病等，下面我们主要根据病因分类，分别讲述主要疾病的应对、治疗措施。

1. 细菌性疾病

竖鳞病

竖鳞病又叫松鳞病、松球病，是一种很常见的细菌性鱼病。

【症状】竖鳞病患鱼全身鳞囊发炎、肿胀积水，鳞片之间有明显缝隙而不是正常鱼的鳞片那样紧贴。严重时鳞片因此几乎竖立，整条鱼看上去比正常的鱼肥胖很多。非常严重时鳞片下积液带红色，似有脓血向外渗。竖鳞病更科学的称谓应该是鳞囊炎。

细菌感染而死亡的金龙鱼

竖鳞、水肿的红龙鱼

【发病规律及危害】发病没有季节性，发病概率与鱼的规格无明显关系，发病与水温剧变、外伤、水质恶化有关，弱传染性。病变发作速度较快，不及时采取有效治疗措施的话，将有很高的死亡率。

【诊断】竖鳞病可以肉眼诊断，凡是鱼全身的鳞片不紧贴身体，看上去鳞片之间有明显的缝隙，就可以确诊为竖鳞病。关键点是，竖鳞是全身性的，其他的炎症可能造成局部鳞片松散，那不能算竖鳞病。

【病原和病因】病原为水型点状假单胞菌。菌体短杆状，长度不足 1 微米。病因是水温异常变化、水质恶化、外伤诱发感染等。

【治疗方法】

发病初期，病情轻微，先将病鱼从群体中隔离出来单独放养一缸，此鱼缸不使用过滤装置，将水温调整至 29~30℃，再用普通的体外杀菌方法（下列两种之一）治疗：

（1）碘制剂（包括季铵盐碘、聚维酮碘、络合碘等）泼洒水体，含有效碘 1% 的该药物使用剂量为 0.5 克 / 米 ^{3}。隔天再用 1 次。

（2）每立方米水体泼洒青霉素钾 500 万国际单位，或氟苯尼考 5 克。

如果病情严重，采用上述治疗方法 1 日后未见好转，可采用下述办法之一挽救龙鱼的生命：

（1）孔雀石绿溶液（一种毒性很强的染料，禁止对食用水产品使用，禁止向水域排放）0.5 毫克 / 升浸泡 30 分钟，然后回到治疗②继续常规治疗。

（2）肌肉注射新链霉素或硫酸庆大霉素，剂量为每千克鱼体重注射 10 万国际单位（用生理盐水 1 毫升配制），然后回到治疗②继续常规治疗。

（3）四环素 20 克 / 米 ^{3}，0.3% 粗盐，加少许黑水素将 pH 调到 6~6.5，开大增氧气头，保持数日。

烂尾病

【症状】鱼的尾鳍由边缘开始糜烂，逐步向尾鳍基部发展，糜烂的部位先是表皮发白、坏死、脱落，同一位置的鳍条也糜烂，使尾鳍后缘看上去有白白的一圈，而尾鳍越来越小。

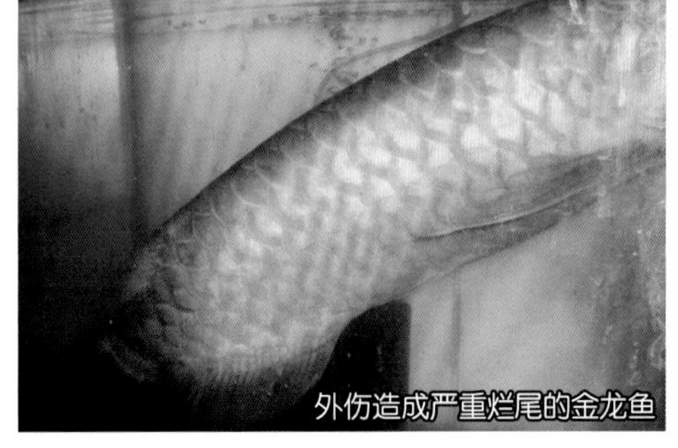
外伤造成严重烂尾的金龙鱼

【发病规律及危害】发病没有明显季节性，水温过高或水质差的环境容易发生，非传染性。严重影响龙鱼的观赏价值，病情严重而不采取合理的治疗措施的话，数周后龙鱼也会死亡。

【诊断】肉眼观察确有上述症状就可以基本断定。

【病因】外伤、水温或 pH 的急剧变化影响了微循环，造成尾鳍末梢的细胞坏死，继而在细胞坏死部位细菌繁衍，向未坏死的细胞发展，造成进一步的炎症发生。

【预防】避免不合理操作造成的外伤；避免高温季节的长途运输；高温季节万一不能避免长途运输，应缓慢地降温，在 23~25℃的水温中运龙鱼，到达目的地后再缓慢回升温度，避免水温的急剧变化；新鱼到达后应缓慢地过水，使鱼对水温、水质的变化有充分的适应时间；水体在放鱼后，加入适量消毒剂进行鱼体、水体消毒，杀灭细菌、预防炎症。

【治疗】治疗烂尾病一般采用外用药水加鱼体消毒的办法，以下每一条都是一个独立的处方：

（1）全缸泼洒恩诺沙星，剂量为 5~10 克 / 米 ^{3}，保持水体内药物浓度 3~4 天。

（2）全缸泼聚维酮碘，剂量为 0.5 克 / 米 ^{3}，保持水体内药物浓度 3~4 天。

如果发现时烂尾已经很严重，应将腐烂部位切去再用上述方法药物治疗。

肠炎

【症状】腹部略膨胀，肛门红肿，粪便水样或黏液状，鱼缸水白浊化，食欲不振，体色变暗，腹部鳞片松弛，轻压腹部有脓状黏液流出。

【发病规律及危害】季节性不显著，春季稍多发。有较弱的传染性，饲喂冰冻饲料较易诱发。如不采取有效的治疗措施，从发病到死亡大约一周时间。

【病原和病因】病原是肠型嗜水气单胞菌。发生肠炎病的主要原因是食物不新鲜、食物不清洁、食物内有尖利物体刺伤肠胃、水温突然下降使食物长时间不能消化等。

【预防】正常喂食时注意饲料的新鲜、干净，对于长期投喂冰冻饲料的鱼，要注意制作冰冻饲料的原材料一定要新鲜，食物投喂前解冻、回温，决不能投喂没解冻的鱼虾肉。活鱼虾必须杀菌消毒后才能用于饲喂龙鱼，要避免投喂可能刺伤或割伤龙鱼的饲料，比如虾的额刺和螯足，如果虾比较大，不管是死的还是活的，必须把额刺和螯足去掉，才能用作龙鱼的饲料。投喂不可过饱。春季每周投喂一次含大蒜素 1‰或含恩诺沙星 5‰的药饵。

【治疗】如果发现及时，龙鱼仍能少量摄食，可用恩诺沙星或诺氟沙星拌料投喂，每千克鱼每天喂药 20~50 毫克，连喂 3 天，同时向水体泼洒如下消毒药物：络合碘或聚维酮碘 0.3~0.5 毫升 / 米 ^{3}（或按药物使用说明书标明的剂量），或者大蒜素 2 克 / 米 ^{3}，或强氯精 0.3 克 / 米 ^{3}，或诺氟沙星 5 克 / 米 ^{3}。

如果病情严重到龙鱼已完全拒食，可用药液灌肠，用药量为每千克鱼 100 毫克，并进行水体泼洒药物消毒。

细菌性烂鳃

【症状】细菌性烂鳃病的症状主要有几个方面：呼吸频率不正常，通常频率较高；鱼体发黑失去光泽，头部尤其乌黑；揭开鳃盖可见到鳃部黏液过多、鳃的末端有腐烂缺损、鳃部常挂淤泥；病情严重时鳃盖开天窗，即鳃盖上的皮肤受破坏造成鳃盖中部透明。

【发病规律及危害】亚洲龙鱼较少发生，南美黑龙鱼较易发生，银龙鱼也偶有发生。水质不佳的环境、高温较易引发此病。此病发生后发展速度较快，传染性较强，病鱼 1~3 天死亡。

【诊断】肉眼观察有上述症状，特别是鳃部多黏液及腐烂可以作为充分的判断依据。

【预防】保持水质清洁，幼龄南美黑龙鱼和银龙鱼群养时应避免养殖密度过高。

【治疗】最常用的药物治疗方法是以下几种（每一条是一个独立的处方）：

（1）全缸（池）泼洒漂白粉 1 克 / 米 ^{3}，或二氧化氯或二氯异氰脲酸钠或三氯异氰脲酸 0.2~0.3 克 / 米 ^{3}，隔 2 天后再施用 1 次。

（2）全缸（池）泼洒季铵盐类药物，含有效碘 1% 的该药物使用剂量为 0.5 克 / 米 ^{3}。

（3）全缸（池）泼洒聚维酮碘，含有效碘 1% 的该药物使用剂量为 0.5 克 / 米 ^{3}。

蚀鳞症

【症状】龙鱼鳞片后缘呈现剥落般渐渐溶蚀，逐渐造成鳞片大面积缺损，严重者病灶部位鳞片外已无表皮保护，鳞片几丁质直接暴露且碎裂，有时并发头皮腐蚀发白，类似皮肤病。

【流行情况】银龙鱼、金龙鱼比红龙鱼多见，幼龙鱼比成年龙鱼多见，金龙幼鱼最多见。群养比单养发病概率更高，说明此病有一定传染性。

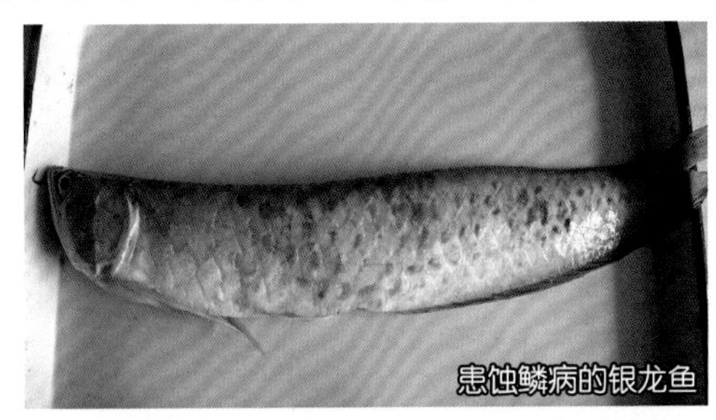
患蚀鳞病的银龙鱼

【病原和病因】病原为细菌，具体种类尚无定论。发病原因是水质恶化，破坏了鳞片外表皮的免疫能力。

【预防】保持清新稳定符合龙鱼生长要求的水质，对水的氨氮、亚硝酸盐、硝酸盐、导电率要定期检查，一旦超出适宜范围应立即换水，每有新鱼入缸应先进行鱼体消毒。每月用水下杀菌灯照射鱼缸（鱼在缸中自由游动），一次 5 分钟。

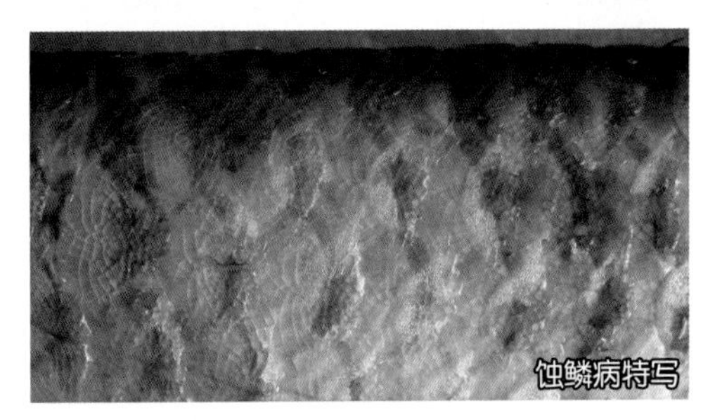
蚀鳞病特写

【治疗】换入清新的符合龙鱼生长要求的水，水温控制在 28~30℃，鱼缸内泼洒聚维酮碘或络合碘（剂量按照药物包装上的使用说明，如无明确说明一般可按照 0.5 毫升 / 米^3 剂量计算）。如果病灶范围不大，可同时在病灶部位涂抹医用碘酒。3 天后再换掉 1/2~1/3 的水，再泼洒一次上述碘药。当病灶部位停止发展并开始长出新的表皮时，应开始拔除缺损的鳞片，因为缺损的鳞片是无法回复到原来的形态的，只有拔除后长出的新鳞片才能长回原来的样子。由于鳞片的生长需要多种营养物质，特别是矿物质的日常补充量是很有限的，所以如果需要新生的鳞片太多就会因营养供给困难而无法回复原样，所以，有经验的人士认为，最多一次只能拔除 12 枚鳞片，等这批鳞片长到和正常鳞片一样大时，才能再拔下一批。

拔除鳞片的手术操作是很简单的，将鱼麻醉后用镊子夹住鳞片往外拔就行了。如果病灶是分散的，一次又不能全部拔掉所有残鳞，那么最后一个病灶的残鳞集中清除，以避免残鳞对新生鳞的生长的干扰。

2. 真菌性疾病

龙鱼的真菌性疾病有两种，一种是肤霉病，另一种是鳃霉病，这两种疾病大同小异，主要差别是发病部位不同，在此，一并作为水霉病介绍。

水霉病

【症状】患鱼体表，包括躯干和鳃部，出现一个或多个灰白色病灶，长出棉絮状菌丝，长度可达数毫米。病鱼身体发黑，焦躁不安。躯干部位病灶位置通常鳞片已经脱离。

【诊断】病灶处霉菌聚集，有时外观像白色黏液，但是霉菌是丝状的，有根深入肌肉，因此用镊子轻轻刮动病灶就可区分菌丝和黏液了，不能被轻易刮掉的是霉菌，如果一刮就掉，那就不是霉菌了。

【发病规律及危害】对龙鱼来说没有季节性，关键是水温，水温低于 26℃才会发生，水温低于 23℃而鱼又有外伤的话，发生的概率就很高。该病严重影响龙鱼的观赏价值，发病后如不加治疗，鳃霉病的话一周就致鱼死亡，肤霉病则能拖几周。非传染性。

【病原和病因】病原为水霉菌（绵霉菌）或鳃霉菌，这两种霉菌都是不分支的丝状菌体，直径数十微米而长度达到数毫米甚至可能达到 10 毫米以上。病灶部位往往菌丝密集相连成片。病因常常是低温状态下外伤部位被水霉菌寄生。

【预防】保持 26℃以上的水温，避免因操作或鱼缸内坚硬物体造成龙鱼的外伤。

【治疗】一旦发病可将水温提高到 30~32℃，加食盐使水体的盐度达到 3‰，数日后霉菌即死亡脱落，此时可将水温保持在 28~30℃，并进行水体泼洒药物消毒。消毒药物和剂量可参考“肠炎”治疗。

3. 原生动物性疾病

原生动物是原核生物的一部分，和细菌的分类地位相当，它和细菌的主要差别是，原生动物有运动能力，而细菌则没有运动能力。原核生物是最原始的单细胞生物，它们没有真正的细胞核，它们以无性繁殖的方式繁殖后代——它们是没有性别的，它们通常以分裂或出芽的方式繁殖后代，所以，在条件适合的时候，它们数量增加的速度是惊人的，如同细菌的对数增长一样。

白点病

【症状】患鱼全身遍布小白点，严重时因病原对鱼体的刺激导致患鱼分泌物大增，患鱼体表形成一层白色基膜。

【诊断】显微镜观察病灶部位黏液的涂片，可见到大量的瓜子状的原始单细胞生物，据此可判定发生的是白点病。如果鱼体表面有白膜，但显微镜下看不到这样的原生动物，那应该是其他疾病，比如白云病之类，具体什么疾病就需要结合其他方面的情况具体诊断了。

【发病规律及危害】白点病是一种在养殖鱼类当中发生很广泛的疾病，几乎所有的养殖鱼类在一定条件下都可能发生此病。白点病在低温、缺少光照时容易发生，因此冬季越冬的鱼以及初春刚从温室转移出室外养殖的鱼最容易患病，此病有一定传染性，但主要是低水温诱发。龙鱼在水温高于 26℃时不会发生小瓜虫病，发病的龙鱼如果得到了及时治疗，一般不会留下伤痕，而如果不及时采取治疗措施，也有致命的可能。

【病原】白点病的病原是多子小瓜虫，是一种原生动物，大小为（0.35~0.8）毫米 ×（0.3~0.5）毫米。

【预防】避免龙鱼养殖缸的水温低于 26℃。冬季如果是用自动控温加热棒加温，不要对设定的温度太过放心，要用精准的温度计核定水温，确保鱼缸的各个角落水温处于 28~32℃。

【治疗】治疗龙鱼白点病最好的办法是将水温提高到 30~32℃，同时向水体中加入食盐，使食盐的浓度达到 3‰~5‰，在白点脱落后，水体（一般是鱼缸）中加入适量消毒剂进行鱼体、水体消毒，杀灭细菌、预防炎症。

4. 寄生虫类疾病

寄生虫类疾病是指鱼受到了寄生虫侵袭，鱼类的寄生虫主要被分为蠕虫类寄生虫、甲壳类寄生虫，有些专家把原生动物也归入寄生虫大类，这也未尝不可，因为很多致病的原生动物本身的名字就带个“虫”字，而且原生动物导致的鱼病与其他寄生虫疾病在病症方面有很多相似性。本书将原生动物与其他寄生虫分开论述，是因为原生动物都是单细胞生物，而此处所述寄生虫相对高等一些，而且个体较大，是比较大型的病原体。

指环虫病

【症状】患鱼鳃部浮肿、颜色苍白、黏液增多以至于严重影响呼吸。患鱼贫血，游动缓慢无力，呼吸困难。

【诊断】肉眼观察鳃部，见鳃部浮肿、多黏液、颜色偏白，但没有淤泥状污物，从即将死亡的鱼取一小块鳃在低倍显微镜或解剖镜下可观察到指环虫。

【发病规律及危害】指环虫病是影响和危害最大的蠕虫类鱼病之一，龙鱼幼小时有受侵害的可能。

【预防】保持水质清新、清澈，避免水质恶化，特别是在龙鱼还在群养的时候，保持 26℃以上的水温。

【治疗】首先把水温调到 28~30℃，然后按下列方法之一用药：

（1）高锰酸钾 20 毫克 / 升浸泡 15~30 分钟。

（2）氯氰菊酯 0.015 克 / 米 ^{3} 全池泼洒，注意药物稀释了再泼，尽量不要接触到金属物品。

（3）用水产类渔药“指环清”“指环净”或诸如此类名称的药物，它们的成分多半也是菊酯一类，按照说明书上推荐的浓度泼洒到鱼缸里就可以了。

锚头蚤病

【症状】患鱼表现焦躁不安、食欲不振、患处发炎充血、鱼体消瘦，鳍基、鳍、口角、躯干等部位有透明的大头针样的小虫挂在上面，虫寄生的部位皮肤和肌肉发炎充血，甚至有一些化脓，严重时一条鱼身上寄生数百条，整条鱼像全身挂满钉子，好像穿了一件蓑衣，所以此病又称“蓑衣病”。

【诊断】此病诊断只需肉眼观察即可。

【病原】锚头鳋是一种大型的寄生虫，属于甲壳类，虫体长度 5 ~ 8 毫米，粗细 0.5~1 毫米，肉眼可见。整体外观接近“T”形，头部两个额角扎入鱼体内，如倒刺一般使虫体固定在鱼身体表面，虫体透明，繁殖期的成虫尾部两侧悬挂两个浅绿色的卵囊。头部的口器深入肌肤吸食寄主的血液或体液，消耗寄主的营养并因破坏了寄主的皮肤而导致寄生部位发炎、感染细菌。

【发病规律及危害】此虫对寄主几乎没有选择性，只要是它接触到的淡水鱼都有机会寄生。主要发病季节是春季和初夏，但是温室内则没有季节性，发病概率受水温的影响，水温低于28℃时发病机会要高些，水温在 30℃以上则不会出现新的寄生情况。对于一般的观赏鱼来说，危害主要是影响观赏价值，虫死了以后可能留下疤痕。

【预防】初冬至初夏这段时间不要让不干净的水混入鱼缸，特别是投喂活食时带进的水，龙鱼缸放养其他鱼带水入缸也会增加传染机会。冬春二季注意保持水温。

【治疗】龙鱼一旦发生锚头蚤寄生的情况，最好的办法是将鱼麻醉，然后用镊子夹住虫子靠近根部的位置拔掉它（离根太远会拔断虫子），所有的虫子都拔掉以后，鱼缸里泼碘药或者抗生素消毒、消炎，防止寄生部位感染细菌发炎。另外，也可以用药物杀虫的办法治疗：

（1）氯氰菊酯 10% 乳油全池泼洒，剂量 0.37 毫升 / 米 ^{3}，5 天后再用 1 次。

（2）溴氰菊酯 2.5% 乳油全池泼洒，剂量 0.15~0.3 毫升 / 米 ^{3}，5 天后再用 1 次。

（3）晶体敌百虫全池泼洒，剂量 0.2~0.3 克 / 米 ^{3}，隔 5 天再用 1 次。

杀虫完毕后将鱼缸的水全部换掉，加入杀菌药防止伤口感染。

5. 其他疾病

水肿

水肿或许不能算是一种疾病，而应该称为一种症状，除了单纯的生理失调造成的水肿之外，还有很多时候是细菌感染后继发的症状，但是水肿对龙鱼的生命威胁很大，不论是单纯性的还是伴随着其他感染的水肿，都是必须马上采取措施，尽快解决的事情。

水肿的直接原因是排泄系统出了故障，不能正常地将代谢的废物排出体外，细胞内因为离子浓度过高而产生吸水膨胀的情况。而导致排泄系统故障的最初原因可能是排泄器官炎症或者不适当的水质或水质剧变。

当水肿发生时，以下的应对程序是有帮助的：

首先找到水肿的起因。通过对体表的仔细观察、对水质的详细检测推断水肿病的起因。体表如果有伤口、炎症，那么就很有可能是细菌感染造成的水肿；而如果体表没有任何炎症，在水质方面有异常，比如 pH 超出适宜范围，或者 pH 与最近一次检测的数据有较大的差距，再比如水体内氮化合物含量过高，那么水质就是这条鱼水肿的起因了。

有时候，体表和水质都找不到任何异常，那么可以确定，排泄系统存在炎症，排泄功能严重削弱或者完全丧失了。

查明起因后，接下来的工作是消除诱因。如果水肿起因是炎症，可以向水体泼洒体表消毒药物——最好是碘制剂或氯制剂，对于排泄系统的炎症，可以注射新链霉素或者青霉素，每千克鱼注射 10~20 毫克（或万国际单位），配制注射液的盐水必须是 0.65% 的生理盐水（淡水鱼类一般生理盐水浓度都是 0.65%，与人类不同）。如果是水质原因导致的水肿，立即换上符合要求的水——换水过程要避免水质水温突然性变化，也就是说，最好是把鱼缸里原来的水放掉 4/5，鱼缸里剩下 1/5 的水，然后，缓慢向鱼缸内添加新的合格的水，加水过程快则 1 小时，慢则 10 小时，看两种水的差距而定，差距越大加水越要慢。

消除了诱因之后，24 小时之内不要有什么惊扰鱼的行动。

最后一步的工作是消肿，但是对于龙鱼的消肿，目前一般的做法是静养，在消除了水肿的诱因之后，排泄系统的功能得到逐步恢复，体液和细胞液的离子平衡得到恢复，水肿一般会逐渐消退。但是，也有水肿长时间无法消退的情况，多半是因为排泄系统的损伤过于严重，短时间内无法恢复功能，甚至永远无法恢复而缓慢死亡。目前还没有已经证实对龙鱼有效的药物消肿办法，根据药学研究的资料介绍，槟榔可以作为鱼类消水肿的药物，但如何使用还没有成熟的经验。

腹水症

【症状】腹部膨胀，但背部膨胀不明显，患鱼能正常下潜，拒食，不能正常排便。

【流行情况及危害】腹水症在热带鱼类中发生比较广泛，一些小型热带鱼受此病危害很严重，比如丽丽鱼。小型热带鱼的腹水症有较强的传染性，此病发生后短时间内同一鱼缸或鱼池将有大批的鱼染病并迅速死亡，这种小型热带鱼腹水症已被证明是一种细菌性的疾病，但是龙鱼的腹水症是否与小型热带鱼腹水症同源还没有权威的结论，一般认为龙鱼的腹水症并非强传染性疾病。腹水症对于亚洲龙鱼是比较常见的一种病症，患病鱼虽不会立刻死亡，但若医治不当也只有 1 周左右的存活时间了。

【解剖学特征】患鱼腹腔有大量淡黄色积水，肝脏、胰脏颜色异常，多数情况下是黄色发白。肾脏多半也不正常，有炎症。肠道内没有食物，或有少量积水或空肠。

【分析】腹水症很可能是多个器官并发炎症造成的，与肠炎引起的肠道积水有较大的差别，但两者外部观察难以分辨，在诊断上容易造成误判。外观上仔细看有微小的差别，那就是患肠炎的龙鱼一般肛门有充血红肿的现象，初期排出的是稀便，会造成鱼缸水的白浊。

龙鱼腹水症的诱因还不是很清楚，虽然是内脏器官受到细菌感染而发生炎症才分泌的积水，但细菌是如何在逃过非特异性免疫系统的拦截而感染这些内脏的，还没有一个明确的答案，我们只能根据病理学知识，提供一些可能的线索，那就是在某个时刻，龙鱼的非特异性免疫系统受到了破坏、产生了缺口，而使该系统遭受破坏的很可能是外因，包括水温剧变、酸碱度剧变、机械损伤（伤及内脏的）、有毒的饲料等。

【预防】避免水温剧变、酸碱度剧变，避免用变质的、受污染的、未解冻的饲料，无疑可以大大减少腹水症发生的概率。

【治疗】肌肉注射 0.65% 的生理盐水配制新链霉素或者青霉素注射液，每千克鱼注射 10~20 毫克（或万国际单位），48 小时后注射第二针，并用针头从肛门稍前位置的侧部扎入腹腔，轻轻挤压腹部让积水流出。针头的大小和扎入的深度一般没有经验的人较难把握，需要请有经验的人指点。

亚硝酸盐中毒症

【症状】呼吸急促，浮头，体色变深，骚动不安或反应迟钝，拒食，常伴随眼睛巩膜白浊的现象。揭开鳃盖可见鳃部肿胀增生、鳃丝呈暗红至褐色。

【发病情况和危害】较常见，水质管理不当的龙鱼缸常发生亚硝酸盐含量过高的情况，导致慢性中毒，未及时发现并处理会造成龙鱼死亡。

【防治办法】预防方法是定期检测鱼缸水、源水（比如自来水）的亚硝酸盐含量，对过滤系统进行检测和评估，确保过滤系统有足够的滤材并且水流畅通。同时保证鱼缸内溶解氧充足。

一旦此症发生，立即换 1/3 的水，隔一天再换水 1 次，如果条件允许最好一天一换，连续换水 4 次，同时加大缸中的溶氧量，并适量添加硝化细菌。

蒙眼症

【症状】眼睛里面好像有一层白膜或者白雾，龙鱼的视力受到影响。

【发病情况和危害】蒙眼症在龙鱼是比较常见的病症，此病幼鱼较少发生，中鱼、成鱼阶段发生的情况要多一些。此病没有季节性。蒙眼症的危害是影响观赏价值，对龙鱼的经济价值更是有毁灭性的打击，病情严重时患病鱼的眼睛会完全瞎掉，如果两只眼睛都瞎，这条鱼就无法生存了。

【病因】眼膜受伤造成细菌感染、不当用药、pH 变化或水质不良都可造成龙鱼眼睛白蒙，有时是几种因素同时起作用。

【预防】

（1）控制好水质，避免出现氨氮、亚硝酸盐含量过高、pH 不稳定的情况。

（2）搬运龙鱼时不要因贪图方便而使用手抄网捞龙鱼，而应该用塑料袋捞鱼，鱼缸内尽量避免可能擦伤龙鱼的硬物。

【治疗】首先是检测水质，确定氨氮、亚硝酸盐有没有超标、pH 是否适当，比较水质与以前是否有差异，最近一次换水前后 pH 是否有大的变化，最近一次换水的量是否过多等，如果水质有问题，立即换上经过曝气的符合龙鱼要求的水质的新水，加 3‰的粗盐；如果水质没有异常，则应该是有细菌感染，可投放抗生素治疗：按照鱼缸总水量，以金霉素或青霉素在每升水加入 1 万 ~2 万国际单位，同时将鱼缸水温缓慢调整到 30℃，数日后换入 1/4 新鲜水，再按同样剂量放一次药。

鳔功能失调症

【症状】患此病症的龙鱼脊背浮出水面，偶尔挣扎着潜入水中，但很快又被强大的浮力拉回水面，腹部明显膨大，有时伴随着背部的浮肿。不能自由游泳，严重时身体翻转，腹部一部分露出水面。

【发病情况和危害】很多种观赏鱼被报道过发生鳔功能失调的情形，比如金鱼、花罗汉、鹦鹉鱼、火鹤鱼等，甚至食用鱼有时也会发生这种病症，可见这是一种很普遍的病症。从以往各种鱼类发生此病症的情形以及相关报道，还有我们自己的实践经验来分析，这种病基本没有传染性，发病率不高，但是治疗很困难。

【病因】发生此病症的原因是鱼鳔受到细菌感染发生炎症，所以此病又被称为鳔囊炎。

【防治方法】管理好水质，避免投喂带菌的及可能使龙鱼受伤的食物，当龙鱼出现炎症时要及时治疗，避免感染深入内脏。

【治疗】腹腔注射抗生素，0.65% 的生理盐水配制新链霉素或者青霉素注射液，每千克鱼注射 10~20 毫克（或万国际单位），48 小时后注射第二针。

厌食症

【症状】连续数日拒食日常食物，除此之外没有任何不正常之处。

【诊断】当龙鱼拒食时，先仔细观察其体表有没有异常情况，比如腹部膨大、局部红肿、鳞片脱落、黏膜发白、粪便黏稀、无排便等，然后看其活动情况是否有异，再看水色是否混浊、水质指标是否正常，如果排除一切异常，那就是单纯性的厌食症了。

【发病规律和危害】厌食是几乎每一尾亚洲龙鱼都可能随时发生的"异常现象"，甚至不能称之为"病"，它的危害就是增加鱼主人的心理压力，使人担心，还有可能因为误诊而使自己吃些"冤枉药"，没病搞出病来。

【应对措施】由于厌食基本上不能算是"病"，当然就谈不上"治疗"，而发生厌食的原因也莫衷一是，没有一个结论，自然也不好说怎样预防。所以说，某一天当我们的龙鱼出现厌食时，如何应对、怎样处理才是我们要考虑的问题。

厌食症既然是一种很普遍发生的事情，从事龙鱼养殖的人当然会积累这方面的经验，根据对中外相关经验的总结，应对厌食症的方法基本是这样的：首先排除其他疾病的可能，然后，不喂食观察 3~5 天，之后，用虫子试一试龙鱼会不会开口吃，对龙鱼最有诱惑力的食物是蜈蚣、蟑螂、蟋蟀，如果在厌食三五天之后龙鱼会吃这类虫子，说明厌食的程度不是很严重，继续用这类虫子喂几天，每天都不要喂饱，一周后可以转回往常的食物了。如果三五天之后龙鱼仍然拒食，继续每天用虫子试一试，十天之内如果开口吃食了，仍然用同样的办法使它们转入正常的摄食，一旦拒食十天后仍不摄食任何食物，那就不是什么厌食症了，赶紧再做详细检查。

呕吐

严格地说呕吐不是一种疾病，只是一种异常行为，但是这种行为有时会让龙鱼的主人非常担心，因为龙鱼吐出来的不仅仅是未消化的食物，有时吐出的东西是被一个皮囊包裹住的，这个皮囊竟然是龙鱼的胃内膜！

呕吐食物的情况通常有两种情形，一种是刚吃下去的食物，马上就吐出来，这种情况通常是食物有问题，或者有尖刺硬物，或者冷得受不了，这些异常的刺激激发了交感神经的呕吐机制。

另一种情况是摄食后数小时，食物几乎都半消化了，这时龙鱼受到水温或水质突然变化的刺激，将食物连同胃内膜（俗称胃袋）吐了出来，这种情况龙鱼受到的伤害是比较大的。

要防止呕吐情况发生，对上述的第一种情形，应该是从食物本身着手，应避免食物带有尖刺或硬物，避免未解冻的食物。如果喂的是虾，应该将虾的额刺或者头胸甲去掉，大的虾钳去掉。对于上述第二种情况，如果您的鱼缸准备大量换水，那么换水前 12 小时至换水后 12 小时请不要喂食，空的胃是不会吐的，即使水温水质变化对龙鱼产生了刺激。或者，更好的办法是，永远都不大量换水，这样就不会让龙鱼感到什么刺激了。

耷眼

龙鱼的眼睛向下耷拉，似乎总在向下看。这不算什么病，但是“五官不端正”对这条龙鱼的身价影响很大，内行的人挑选龙鱼都会注意这方面，因此龙鱼养殖者不得不重视这个问题。

耷眼（又称掉眼，实际为向下斜视）在形态上是眼球上部与眼眶之间的脂肪堆积，在成因上有两种观点，一种认为是营养过剩造成脂肪堆积，另一种认为是长期向鱼缸底部看造成的。两种观点都有一定的道理，实际上很可能是两种原因共同起作用。

要预防耷眼现象的出现，重要的是自小就在养殖过程中避免两种诱因的长期影响，也就是说不要提供形成耷眼的条件。喂食要注意营养平衡，避免脂肪过多而矿物质和维生素的缺乏；鱼缸上部避免长期的强光，经常改用水下灯照明，或者采用缸外不定向照明，使龙鱼不至于因为回避上部的强光而强迫自己眼睛向下，另外，不要长期让龙鱼向缸底觅食，要时常喂一些水面上的食物。

纠正龙鱼耷眼也有两种可行的办法，一种是慢性的，需要较长时间，那就是把光源设在鱼缸靠近底部的位置，投喂浮水性饲料比如蟑螂、蟋蟀等，这样龙鱼就会尽力向上看，渐渐改掉眼睛下斜的毛病。另一种方法是手术治疗。

由于龙鱼耷眼的解剖学（形态学）原因是眼球上方脂肪积累，手术切除多余的脂肪当然是一个合理的治疗手段，而这种手术已经有相当多的成功例证了，所以但凡有一定经验的养殖者，都可以自己给龙鱼施行这种手术。

翻鳃

与耷眼一样，翻鳃也不是病，是一种外观缺陷。鱼的鳃盖骨后缘的鳃盖膜一般是紧贴身体的，这样可以防止呼吸时水从鳃盖后面倒流向口腔，保证呼吸水流的方向，保证呼吸效率，并且能防止鳃丝裸露，起到保护作用。但是有些龙鱼的鳃盖膜是向外翻甚至卷起的，我们将这种外观缺陷称为翻鳃。

对于鱼缸内养殖的鱼来说，鳃盖膜的保护作用不再需要，而鱼缸内有足够的溶氧因此呼吸效率受一点影响也无所谓，所以，翻鳃一般不影响龙鱼的生理活动，不影响龙鱼的健康。但是翻鳃影响龙鱼的外观，对其价值的影响甚至比耷眼还严重，所以，对于龙鱼的翻鳃必须采取措施控制和治疗。

对于造成翻鳃的原因，并没有权威的有充分证据的定论，综合各家之言，有下面几方面因素：

（1）水质不良：水中氨、亚硝酸和硝酸盐浓度过高，或溶氧偏低，刺激了控制呼吸的中枢神经，使龙鱼长期呼吸频率过快，鳃盖膜因适应高频率的呼吸而长期张开，因而形成翻鳃。

（2）活动空间狭小：龙鱼在狭小的空间必须不时回转才能游动，而影响到鳃部正常运动，久之会造成翻鳃。

（3）鱼缸内没有稳定的定向水流，或水太静或水流紊乱，不是水泵从一端向另一端冲的那种水流，而是气泵带动的微弱的非定向紊流，鳃盖膜不能得到顺流的梳理，相反时常受到反向的冲击。

（4）温度变化：未能保持恒温，过冷或过热，造成鳃部不适。对于这第四点，笔者保留看法。

预防的方法就是针对上述诱因，养殖过程中避免出现这些诱发翻鳃的条件，特别是幼鱼阶段，关键是：

（1）要有足够大的鱼缸，缸的长度至少是龙鱼全长的 3 倍，宽度至少达到龙鱼全长的 1.2 倍。

（2）要有扬水马达（潜水泵）形成定向水流。

（3）保持水质的洁净和充足溶氧。

目前治疗翻鳃通行的手段是手术，手术有两种，一种是在翻鳃不是很严重的情况下，沿鳃盖膜每隔 3 毫米左右剪一刀，把鳃盖膜剪得像梳子一样，同时改善鱼缸养殖条件使之符合预防翻鳃的要求。另一种方法是将卷起的鳃盖膜全部剪掉，同时改善鱼缸养殖条件使之符合预防翻鳃的要求，新长出的鳃盖膜就不在翻转或卷曲了。

维生素缺乏症

维生素是所有脊椎动物生命活动所必需的物质，缺乏不同的维生素会使得龙鱼出现各种不同的缺乏症。

（1）烟酸缺乏：食欲不振、运动性差、肠胃障碍或水肿。

（2）维生素 C 缺乏：骨胶原形成损伤，脊椎弯曲，贫血，各种物理性伤害后难以复原。

（3）维生素 B_1 缺乏：食欲不振、肌肉痉挛、丧失平衡感和距离感。

（4）维生素 B_2 缺乏：水晶体混浊、食欲不振，会使死亡率增加。

（5）维生素 B_6 缺乏：食欲不振，运动能力失调，容易紧张，腹水，呼吸急促，鳃盖边缘内翻。

（6）维生素 B_{12} 缺乏：贫血，体色不正常，抵抗力变差，容易感染疾病。

（7）维生素 A 缺乏：生长速度明显下降，体色变白，眼球与鳍基部充血、贫血，肝萎缩等。

（8）维生素 D 缺乏：生长缓慢甚至停滞，骨骼发育不良。

（9）维生素 E 缺乏：食欲不振，鳃丝呈杆状，分泌物增加覆盖整个鳃片，呼吸困难，各鳍下垂，动作迟缓。

（10）肌酸缺乏：生长迟缓，肠胃膨胀变成灰白色。

预防的办法是经常性地投喂含丰富维生素的食物，可以把人用的或鱼用的复合维生素溶解稀释后，用注射器注入活鱼仔或虾的体内，然后再投喂，每周投喂一次这样的饲料就可以了。实际上，因为平时投喂的都是肉类饲料，维生素 A、维生素 D、维生素 E 缺乏的可能性都不大，平时应该补充的是维生素 C 和 B 族维生素，大量养殖龙鱼时，如果想节省成本，可考虑用兽用

B 族维生素与维生素 C 混合，制成维生素预混剂，用时按剂量补充就可以了。

根据发生的症状判断所缺乏的维生素种类，然后在饲料中适当添加该种维生素，同时，其他维生素也少量添加，以保持平衡。治疗时维生素饲料投喂的密度应比预防时大，也就是说，可以每天都投喂这种加料的饲料，但是，一定要注意添加的量不可太多，避免维生素过量造成中毒。

矿物质缺乏症

矿物质元素钙、磷、镁、碘、锌、锰、铁、铜、硒及钴缺乏会导致鱼体异常、畸形、生长发育障碍、抗病能力下降等。对龙鱼而言，钙、磷不足可诱发蚀鳞症、骨骼畸形、生长停滞等；缺铁会造成低血色素性贫血并诱发鳃部疾病；缺锌会出现生长不良、性腺发育障碍、高死亡率等情况，并诱发鳍与皮肤的炎症，甚至会引发白内障；缺锰会造成尾柄生长异常，出现萎缩现象，若同时缺磷会造成骨质发育不全；缺铜影响体重的增长；缺钴会造成上述维生素 B_{12} 缺乏的症状；缺硒会导致肌肉发育不良，幼鱼死亡率高的状况；缺碘则会造成鱼暴毙。

鱼类所需要的矿物质中，钙、磷、镁属于“常量元素”，自然界存在的量大，鱼的需要量也大，而其他几种则属于微量元素，自然界存在的量少，鱼需要的量也少，但并不等于不重要。在自然水体，不论常量元素还是微量元素，对鱼来说都不成问题，因为需求量和存在量是相协调的，但是对于封闭水体内的鱼类而言，很多元素就需要人为地补充了。

鱼类吸收各种元素主要有两种途径：摄食、表皮渗透（包括鳃和皮肤），常量元素和微量元素的来源各有偏重，常量元素主要通过摄食从食物中吸收，微量元素则经常需要从水体内通过渗透获得。

防止矿物质元素缺乏也是从两方面入手：一是丰富食物结构，避免长期摄食单一的食物；二是不要长时间不换水，即使鱼缸有足够强的过滤系统保证污染物质不超标，也要隔一段时间换一些水。

针对特定的某一种矿物质缺乏进行治疗几乎是不可能的，因为确定到底缺乏的是哪种矿物质需要很复杂的分析测试，付出很高的代价，只能在怀疑缺乏矿物质时，向食物中添加“鱼用矿物质添加剂”，使各种矿物质都得到适当补充。

6 龙鱼的鉴赏

人们养殖龙鱼主要是为了观赏、装饰环境，“欣赏”往往被视为龙鱼养殖者的入门必修课，鉴赏比“欣赏”又进一层，不但要会欣赏，还要求能判断欣赏对象的等级、层次，所以真正掌握了龙鱼鉴赏的人，基本上可以担当龙鱼比赛的裁判员。

笔者认为，如何审美，是个人的权利，每个人都有权利坚持自己的审美观，拥有自己的审美标准，但是同时，每个人都希望自己的审美观能够得到其他人的认同、自己所发现的美能够引起共鸣。所以编写本章的目的，不是为了“教育”读者如何欣赏龙鱼，而是要告诉读者，专业人士一般是怎样鉴赏龙鱼，哪些方面是人们在龙鱼鉴赏中比较关心的，以便为读者朋友在鉴赏龙鱼、参观龙鱼比赛提供参考。

龙鱼有 7 个物种，而其中亚洲龙鱼又有多个地方种群、品系或品种，每一个物种、地方种群、品系、品种都有各自的特征和亮点，因此鉴赏也有不同的要求和重点，下面就分别讲述不同种类、品系的龙鱼的鉴赏。

一、银龙鱼与南美黑龙鱼的鉴赏

（一）银龙鱼的鉴赏

银龙鱼的形态特征是：身体为扁长形，头部与身体同宽，口上位，口裂由颌下部以 45°~60° 仰角斜向吻端，下颌前端有 1 对颌须，侧线鳞 33 枚，身体两侧各有 6 排完整鳞片，体色银白光泽度极高，略带浅蓝色，并有浅粉红色的纹路，背鳍起点与臀鳍起点相对，在身体后部，而尾鳍较小。

银龙鱼

鉴赏银龙鱼一看健康状况，二看体型和泳姿，三看体表各部位形态，四看色泽。

一看健康状况，就是看这条银龙身体表面是否有糜烂、红肿、损伤，是否有寄生虫，是否有拖挂或粘连杂物，身体各处的黏膜是否完全透明，肛门是否有红肿或拖挂粪便的情况，根据上述各方面的观察判断这条银龙鱼是否带有寄生虫或正在感染细菌性疾病。另外，泳姿和运动特征也能反映一些体表特征所不能反映的疾病。

二看体型和泳姿，是因为这是银龙鱼的主要欣赏点。养银龙鱼的人主要是看中了银龙鱼修长匀称的体型和优雅飘逸的游泳姿态。所以，一尾好的银龙鱼应该体型匀称，脊背笔直，身体高度与长度比例恰当（1∶5 左右），而且从喉部到臀鳍起点这一段，高度是完全一致的，身体厚度适中，从喉部到背鳍起点这一段的厚度也基本一致，没有明显的鼓突或塌陷。当银龙鱼作直线游动时，应该脊背平直而且与水面基本平行，身体横轴与水面垂直而不是侧向一边或左右摇晃。正常的银龙鱼在鱼缸里运动的速度应该比较均匀，脉冲式或抽风式游泳都是病态的。

另外，在姿态方面还应注意，银龙鱼在多数时候应该在水的上层缓慢巡游，趴在鱼缸底部或者脊背露出水面都是病态的。银龙鱼的呼吸是通过鳃盖张合进行的，频率应该和缓而均匀，如果呼吸很急促那要么是有病要么是水质问题很严重。

三看体表各部位形态，主要是看吻、须、眼、鳍、鳞片、鳃盖膜。

吻主要看上下咬合是否整齐，下唇不可过于突出，也就是说，颌须的根部不可太大、太突出，也就是不能有俗语所说的“龙船嘴”。

牙齿，要整齐细密，不要有缺损变色情形。

须，应左右对称，表面光滑平整，直，越粗越长就越好。

眼，明亮清晰，平视，大小适中，不鼓突，无混浊。

鳍，要求各奇鳍（指不成对的鳍，包括背鳍、臀鳍、尾鳍）外缘弧线平滑，鳍梗直，无断裂、交叉或结节，鳍膜无撕裂，尾鳍状如鹅毛扇，无“烧尾”，游动时尾鳍与背鳍及臀鳍之间几无间隙，偶鳍（指成对的鳍，包括胸鳍和腹鳍）左右应大小一致，外廓弧线平滑，鳍梗无交叉无结节。

鳞片，全身鳞片紧密覆盖，光泽度高而均匀，没有脱鳞、缺鳞状况，没有明显的再生鳞、缺损鳞，鳞片表面不可有血丝、炎症、坏死的皮肤或黏膜。

鳃盖膜是指鳃盖骨后缘覆盖鳃孔的皮膜状组织。鳃盖膜应该左右对称，紧贴身体不外张，外缘弧线流畅平滑，大小适中。向外翻卷或者缺损都是常见的缺陷，会影响其观赏价值。

四看色泽，躯干部分的颜色是高度反光的银白色，背部稍微暗一点而略显银灰。幼年个体鳞片底色略呈浅蓝，带有浅粉红色的条纹，这才是正常的，成年个体是否有浅粉红色的条纹都不影响该鱼的质量等级，不是鉴赏判别的因素。色泽方面最重要的是反光度，如果反光度差，表观不鲜亮，给人体表不够光滑的感觉，这样的鱼就属于质量等级差的。有一种体色雪白的银龙鱼，或是白化的变异，或是特殊饲养方式培育而成，其价格比普通银龙鱼高 10 倍以上。

银雪龙鱼（邱兴顺提供）

（二）南美黑龙鱼的鉴赏

南美黑龙鱼形态与银龙鱼很相似，所以其鉴赏与银龙鱼基本一致，只不过南美黑龙鱼身体和鳍的色泽与银龙鱼相比更暗，不要以为是疾病造成的“黯然失色”。南美黑龙鱼底色的暗与鱼生病时的暗是可以区分的，正常健康的南美黑龙鱼底色虽较暗，但是身体是有光泽的，在它深色的鳞片上面所覆盖的表皮是具有比较强的反光能力的，而病鱼的表皮往往反光能力差，甚至有些病鱼的表皮已经受到破坏，所以呈现哑光的状态。

南美黑龙鱼特别的欣赏点是它的臀鳍。高品质的南美黑龙鱼的臀鳍是深蓝色的底色，带有红色的细纹。

二、亚洲龙鱼的鉴赏

（一）金龙鱼的鉴赏

亚洲龙鱼分金龙鱼、红龙鱼、青龙鱼 3 类，一般我们把金龙鱼大致分为红尾金龙和过背金龙，还有介于两者之间的被称为高背金龙，这是最近五六年才被单独分为一类的。在鉴赏方面，这几种金龙鱼只有细微的不同，现在先说说共同之处。

与银龙鱼一样，金龙鱼的鉴赏也是一看健康状况，二看体型和泳姿，三看体表各部位形态，四看色泽。不同之处是在色泽方面内容更多，观察要更仔细。

健康状况的判断与银龙鱼没有什么差别，可参考前文。

体型和泳姿。金龙鱼体型比较粗壮，鳞片比较大，体长约为体高的 4 倍，体高约为体厚的 2 倍，身体每侧有 5 行半鳞片（脊背中间一行鳞片在体侧看就是半片），所以鳞片显得很大，每一片鳞片的形状、光泽都能很清晰地表现出来。金龙鱼泳姿的特点是稳健，正常情况下，应该是在水体中上层，平稳地在与水面平行的方向缓游。

体表各部位。欣赏或鉴赏时，体表观察的重点是眼睛的亮度、鳃盖膜的形态、鳞片整齐性、鳍的形态。

眼睛是心灵的窗口，龙鱼据说是有灵性的动物，相对于一般鱼而言，龙鱼的眼睛算比较大的，比较容易引起人的注意。实际上，多数龙鱼眼睛都是漆黑透亮的，巩膜是透明而且反光的，但是有时候，有些龙鱼巩膜上好像有一层白翳，或者眼睛里面有一些浑浊的絮状物，显然影响美观，同时也代表健康状况出现问题。按照鉴赏的标准，眼睛清澈明亮才是合格的，巩膜上有白翳或者眼球内有浑浊现象则是严重不合格的，有时有介于明亮和浑浊之间的状态，即感觉明亮度有些欠缺，那只能是勉强合格吧，评审时是要扣分的。

亚洲龙鱼的眼睛还有一个特有的问题，就是下垂症，或称突眼症。龙鱼的突眼并不是整个眼球突出眼眶，而是眼球的上半部从眼眶突出较大，超出正常范围，使鱼的视线似乎总是朝着侧下方。如果您觉得眼球上半部突出是否超常不太好判断，看看是否两个眼睛在同时朝下看，如果两眼视线不在同一水平线上，那就是有突眼症了。突眼对龙鱼的鉴赏价值有较大影响，如果突眼非常严重，即使其他方面很出色，这尾龙鱼也不能算上品。

鳃盖膜在其他鱼类从来就不是个问题，而亚洲龙鱼在这方面却有特有的怪相。有些亚洲龙鱼鳃盖膜发生畸变，向外翻转，无法贴紧身体，这种症状称为“翻鳃”，这对龙鱼的观赏价值有很大的影响。翻鳃情况严重的龙鱼不但价格大跌，也很难找到买主。

金龙鱼鳃盖覆盖金质，具有明显的金属光泽，这是金龙鱼与红龙鱼的重要区别之一。金龙鱼鳃盖的金属光泽越强烈越好。

金龙鱼头部特写

鳞片的整齐性是亚洲龙鱼形态的一个重要指标，也是龙鱼的常见问题。龙鱼都不是温顺的家伙，在捕捉、打包、运输等操作过程中，因为挣扎而掉鳞的情况是很多见的。一般鱼类都有鳞片再生的能力，龙鱼也是如此，但是由于亚洲龙鱼的鳞片比较大，再生鳞只要和原生鳞片有一点差别就很容易被发现。再生鳞片如果形态和原生鳞片一样，即使颜色和原生鳞片有些许差异，对它的商业价值基本没什么影响，因为再过一段时间，颜色的差异就基本看不出来了，但是在颜色的差异尚未消失之时，对龙鱼整体外观有不好的影响，不适宜参加评比、竞赛。

龙鱼的鳞片形状介于圆形与六角形之间，未被其他鳞片覆盖而裸露的部分，类似六角形的一半，三条边的中间一条与身体纵轴垂直。一般在金龙鱼鳞片的边缘有金色的鳞框，同一条金龙鱼身体不同部位的鳞片鳞框的宽度是一致的，人们按照鳞框的宽窄将金龙鱼分为粗框型和细框型，但是也有一类金龙鱼的鳞片是看不出鳞框的，那就是黄金龙鱼和白金龙鱼。

鳍的形态对于亚洲龙鱼的审美是非常重要的指标，理想的鳍的形态是：各奇鳍外缘弧线平滑，鳍梗直，无断裂、交叉或结节，鳍膜无撕裂，边缘的鳍膜无感染或糜烂坏死的情况，尾鳍或扇形或桃形（亦有称之为火焰形的），偶鳍（指成对的鳍，包括胸鳍和腹鳍）左右应大小一致，外廓弧线平滑，鳍梗无交叉无结节，胸鳍越大越好。亚洲龙鱼的奇鳍生长于身体后部，因此常被统称为后三鳍，龙鱼的后三鳍容易从基部折断，折断后慢慢又会在原来的部位长出新的鳍，称为再生鳍。有时折断的部位仍与身体皮肉相连，有时折断的是一个奇鳍的一部分，这种情况下，再生鳍会和残留的部分愈合，形成一个形状很不工整的鳍，在养殖场一般会对折断后残留的部位进行手术切除，这样整个鳍都是从根部再生的，如果养殖得当，会恢复如初。由于有这样的情况，在鉴赏亚洲龙鱼时要仔细观察后三鳍是否有再生情况。

金龙鱼的粗鳞框和细鳞框

吻主要看上下咬合是否整齐，下唇不可有赘肉而显得过于突出。吻的尖突程度常常是区分亚洲龙鱼不同品系的重要指标。

牙齿，要整齐细密，不要有缺损变色情形。

须，指生长于亚洲龙鱼下唇的颐须，应左右对称，表面光滑平整，粗、长、直。

色泽是金龙鱼鉴赏最重要的指标，因为金龙鱼之美主要表现在色泽方面，体型、泳姿、各部位是否形象端正，这些都是质量性的，也就是说，这些方面一般都是只有是否正标准、有没有缺陷的差别，没有哪条金龙鱼因为眼睛长得比别的鱼大而获奖或者身价大涨的。

色泽在金龙鱼而言，主要表现在鳃盖、躯干覆盖的鳞片、鳍，而其重心在鳞片，包括全身鳞片的整体表现以及鳞片的细部表现。

金龙鱼鳃盖表面一般是金黄色的，除了白金龙鱼和一些杂交品种如紫彤、紫艳之外，其他的金龙鱼不论底色如何，鳃盖都是金黄色的，越浓郁越好，其光泽度越高越好，就像鳃盖外面刷了一层金粉，金粉越细密浓厚，表现出的金属感越强，鳃盖就越美。

鳍对于金龙鱼而言有不同品系的差异，就过背金龙鱼而言，鳍不是出彩之处。但对于红尾金龙鱼而言，尾鳍的颜色就比较重要，尾鳍下半叶是红色的，越鲜艳越好，越浓郁越好，最好就是鲜红而又有质感。

金龙鱼鳞片颜色和光泽方面的变化比较丰富，不同品系主要区分也在这方面，而且同一品系的不同个体在这方面也有差异，所以通常也是等级鉴定的主要依据。过背金龙鱼和红尾金龙鱼的主要区别，就是金质有没有超过第四排鳞片（从腹部向背部数，侧线所在为第三排）。如果金质止于第四排鳞片，就是红尾金龙鱼；如果金质覆盖第五排鳞片，就是过背金龙鱼了，而高品质的过背金龙鱼，第六排鳞片，也就是背部正中的那一排，也是金质的。

金质鳞片（区别于没有金属光泽的普通鳞片）有细框、粗框和无框之分，而鳞心部分的颜色，也就是龙鱼的底色，也是各有不同。细框与粗框孰优孰劣并无定论，更重要的是与底色的配合，金底配粗框，尽显豪放、大气；蓝底、紫蓝底配细框，显得精致、高雅、立体感强烈。无鳞框的鱼其金质从鳞片的边缘部分逐渐向内延伸、覆盖，未被金质覆盖的部分颜色与普通鱼类背部的颜色相近，或暗绿色或灰色，金质多而本色少代表高质量，最好的当然是全金质覆盖。

粗框蓝底过背金龙鱼

就不同品种而言，首先品种划分本身就代表了品质的高低，因为金龙鱼是以金质鳞片覆盖率来划分品种的，同时品质的高低也是主要从金质覆盖率来判断，品种内个体色泽方面质量的判断还有其他讲究。

过背金龙鱼是指金质达到第六排，也就是背部正中一排鳞片，也就是说，只要第六排鳞片有金质，就跨入了金龙鱼中最高等级品种——过背金龙鱼的行列，但是同样有金质，质量还是有差别的。一般标准是，第六排鳞片金质越完整越好，一是这排鳞片从头至尾金质覆盖情况要一致，二是这一排的每个鳞片金质覆盖情况与体侧鳞片覆盖情况接近，完全一致最好，比如说，如果体侧鳞片是粗框的，本色的鳞心很小，那第六排鳞片也是这样就最好了。

红尾金龙鱼质量评判共性的部分和过背金龙鱼是一样的，品种内个体色泽方面质量的判断是看两部分鳞片的色质，一是从腹部到侧线（即第一到第三排）的金鳞，二是第四排金鳞。主要金质鳞片部分（即第一到第三排）看每片鳞的质量，标准和过背金龙鱼是一样的，还有看鳞片排列是否整齐；第四批鳞片看金质是否紧密，整排鳞的金质上缘是否在一条直线上。另外，红尾金龙鱼尾鳍的颜色也是一个重要指标，尾鳍下半叶是红色的，越鲜艳越好。

细框蓝底过背金龙鱼

过背金龙鱼的背部鳞片

红尾金龙鱼

高背金龙鱼质量评判与红尾金龙鱼近似，不同在于其金鳞的主体是第一至第四排，外缘金鳞是第五排，这一排金鳞的质量参照红尾金龙鱼第四排金鳞的要求。另外，高背金龙鱼尾鳍一般没有红尾金龙鱼那么鲜艳，当然如果是鲜艳的更好。

（二）红龙鱼的鉴赏

红龙鱼和金龙鱼同属亚洲龙鱼，是同一物种的不同种群，形态应该没有太大差别，但实际上，这两种亚洲龙鱼不但体色明显不同，形态也有一些差别。

红龙鱼主要有辣椒红龙鱼、血红龙鱼、橘红龙鱼、黄红龙鱼（黄尾龙鱼）、驼背龙鱼几个品种。除了驼背龙鱼形态有明显差别之外，其他的红龙鱼，与其说是几个品种，不如说是几个等级。许多商家把辣椒红龙鱼和血红龙鱼统称为一号红龙鱼（或称一级红龙鱼），橘红龙鱼被称为

辣椒红龙鱼（绿底）

血红龙鱼

黄尾龙鱼

驼背红龙鱼

二号红龙鱼（或称二级红龙鱼），而黄尾龙鱼与一号红龙鱼杂交的子一代被称为一号半红龙鱼，所以橘红龙鱼和黄尾龙鱼在鉴赏方面基本不需要论述，当它们是低等级的血红龙鱼就行了。

红龙鱼的鉴赏与金龙鱼相似。

泳姿方面，所有亚洲龙鱼泳姿方面的要求及审美取向是一样的，不再重复论述。体型方面，总体来说红龙鱼比金龙鱼略微修长，背部基本平直，其中不同品种又略有差别，辣椒红龙鱼体型最修长，血红龙鱼（还有橘红龙鱼、黄红龙鱼、一号半红龙鱼）介于辣椒红龙鱼与金龙鱼之间，但驼背红龙鱼不同，它背部前段（可称为肩部）隆起，身体相对粗短，头部相对而言小很多。红龙鱼各品种在体型方面有一个共同的审美取向，那就是规格要大，越大越好，不论是天然的还是人工养殖的，平均而言，成年个体红龙鱼要比金龙鱼长 5~10 厘米。

头部的形态是区分红龙鱼各小品种的重要指标：辣椒红龙鱼吻部至肩部的外廓是汤匙形的，

吻部有点翘起，然后略微下凹，经过眼球上方之后开始上扬，至肩部弧形转平。血红龙鱼（还有橘红龙鱼、黄红龙鱼、一号半红龙鱼）头顶外廓是直线。

体表各部位形态，首先看有没有伤残、畸形，然后是鳍相对较大，主要是胸鳍和尾鳍与躯干的相对比例，与相同规格的金龙鱼相比，红龙鱼的胸鳍和尾鳍明显要大一些，这是红龙鱼的重要特征，也是审美取向，观赏鱼鉴赏中有一个一般原则，那就是特征越突出越好，于红龙鱼而言，就是胸鳍和尾鳍越大越好。

有关体表各部位的鉴赏和质量判断，红龙鱼和金龙鱼基本是一样的，仅有的细小差别是鳞片，鳞片的形态与金龙鱼完全一样，鳞片的大小也不存在个体差异，鉴赏时一样要注意的是再生鳞，鳞片排列是否整齐、有没有再生鳞、再生鳞的生长趋势如何。

色泽是鉴赏的核心内容，既有“质”的差别，也有“量”的不同，前面那些健康、形态、泳姿等内容，主要属于质要求，就是“行就行，不行就不行”，很难量化的。

色泽鉴赏方面，人们普遍关心的对象、参加竞赛的对象，都是一级红龙鱼，也就是辣椒红龙鱼和血红龙鱼两个小品种。

辣椒红龙鱼通常被认为比血红龙鱼更漂亮（不是规定，只是多数人的看法），它区别于血红龙鱼的主要形态特征是头形，主要色彩特征是有鳞框和鲜红的鳃盖印，其鳞框与金龙鱼的鳞框不同，有两种类型的鳞框，一种是鲜红外缘的单层鳞框，另一种是最外缘是金色的框，比细框金龙鱼的边框还要细，然后就是鲜红的框，形成双层的鳞框（单层鳞框和双层鳞框哪个更漂亮并没有统一的标准，不过双层鳞框更稀有），吻部鲜红如同抹了口红一般，各鳍都是鲜红色，鳞片中心或蓝紫色或绿色，所以也常有人将辣椒红龙鱼分成绿皮红龙鱼和蓝皮红龙鱼两个小品种。

辣椒红龙鱼鉴赏的色彩方面的标准是红色鲜艳浓郁，包括鳃盖、鳞框的颜色，越鲜艳、越浓郁越好，鳞片边框与鳞心的底色反差越强烈越好，所以底色也是越浓郁越好，绿皮红龙鱼在这方面比较占优势，因为红色和绿色为互补色，它们之间的反差往往能形成更强烈的视觉刺激。

绿皮红龙鱼

蓝底红龙鱼

血红龙鱼

血红龙鱼体色没有清晰明显的鳞框，无明显鳃盖印（鳃盖的红色和身体其他部位差不多），鳞片没有底色和边框的差别，全身红色（通常偏向橘红），各鳍为橘红色。一尾血红龙颜色等级是高是低，取决于颜色的鲜艳程度（是偏红还是偏黄）、鲜艳色彩的覆盖率以及光泽。这里展示的是一尾近乎完美的血红龙鱼。

（三）青龙鱼的鉴赏

青龙鱼是亚洲龙鱼中分布最广泛的种群，越南、老挝、柬埔寨、泰国、马来西亚等国家都有，同时青龙鱼也是亚洲龙鱼中最不漂亮、最便宜的种群，似乎欣赏价值不高。但是青龙鱼有一定的市场，在我国市场售价也能达到几百上千元，介于高档鱼与低档鱼之间，这有几个方面的原因，一是青龙鱼的体型与血红龙鱼、橘红龙鱼很像，泳姿也同样既优美又有气势；二是青龙鱼的体色是暗绿至草绿，有一定的光泽，整体色泽比我们通常见到的野鱼或者食用鱼漂亮，特别是土池养殖的青龙鱼，呈现翠绿的颜色加上强烈的光泽，初次见到的人一定会有惊艳的感觉，所以不可谓没有欣赏价值；三是由于青龙鱼相对价廉，一些初次尝试养殖亚洲龙鱼的人往往会通过养殖青龙鱼来摸索经验、找到感觉。

世界上还没有龙鱼的比赛会为青龙鱼设一个组别，也没有人拿一条青龙鱼去和红龙鱼、过背金龙鱼争艳、比赛，但这并不代表我们不可以欣赏青龙鱼。

青龙鱼的体型与血红龙鱼非常接近，对它的体型、泳姿、各体表器官和各鳍的要求与红龙鱼一样。而色泽方面的欣赏，一般是看它的光泽是不是强烈，颜色是不是浓郁、鲜艳、明快，几乎没有风格流派的差别。

青龙鱼中最近几年出现的新品种叫作纳米青龙鱼，它的鳞片中有许多蚯蚓状细线，仔细观察鳞片确实很独特，但是要欣赏一尾不停游动的青龙鱼身上的 0.3 毫米的细线是不太容易的，而且这样的细纹对于以环境装饰为目的的养殖而言，几乎是没有意义的。

纳米青龙鱼

（四）亚洲龙鱼人工新品种的欣赏

亚洲龙鱼有许多人工新品种，这些新品种通常源自过背金龙鱼、一级红龙鱼的人工选育或它们之间的杂交，也有些主要靠特殊的养殖方式来获得不同寻常的色泽表现。目前比较著名的亚洲龙鱼新品种有金头过背金龙鱼、白金过背金龙鱼、七彩过背金龙鱼、超级红龙鱼、七彩红龙鱼、紫艳红龙鱼等，它们的来源且不去管它，我们现在只讨论怎么去欣赏。

亚洲龙鱼的新品种在体型方面和原生种类并没有什么差别，鉴赏时金龙鱼起源的按金龙鱼的标准，红龙鱼起源的按红龙鱼的标准，金龙鱼与红龙鱼杂交的以接近红龙鱼的体型为好，因为实际上，我们通常都认为红龙鱼的体型要好于金龙鱼，更能代表我们对亚洲龙鱼的审美取向，比如两条同样体长的亚洲龙鱼相比较，我们通常认为胸鳍和后三鳍越大越美。

所以亚洲龙鱼新品种鉴赏的重点是色泽方面，概括地说，全色类的要求色质均匀、亮度高，非全色类的要色彩鲜明、特点突出。质量稍次的个体在头顶、背部有局部未覆盖金属质，残留原始肤色。

金头过背金龙鱼要整个头部是金色、高反光度的，头顶也要和头部其他部位一样完全被金属质覆盖，鳃盖和头部其他位置颜色一致，同样的色质和反光度。躯干部位看上去完全被金质覆盖，背部鳞片也是完全一样的色泽，没有鳞框，也没有不同色泽的鳞心，整个躯干像是被黄金铠甲紧紧包裹住一般。金头过背金龙鱼现在似乎有两个品系，一种是金黄色，另一种是近两年才出现的亮黄色。

金头金龙鱼

白金金龙鱼有 3 个不同起源，其中白金过背金龙鱼全身银白色，高反光度，闪耀着金属光泽，头顶、背部与鳃盖、躯干一样的色泽，鳞片有清晰的细框，使得鳞片更具立体感。起源于红龙鱼的白金金龙鱼臀鳍尾鳍较为鲜艳，颜色似乎没有白金过背金龙鱼那么白，但光泽度一样；起源于青龙鱼的白金金龙鱼体色纯白，但反光度不如过背金龙鱼和红龙鱼起源的白金龙鱼，没有金属质感。

七彩过背金龙鱼源于蓝底过背金龙鱼和紫底过背金龙鱼，可能还带有辣椒红龙鱼或红尾金龙鱼的血统，其鳞片光泽度高，有清晰的细鳞框，同一尾鱼不同部位底色有差别，有绿色、蓝色、紫色的变化，臀鳍和尾鳍橘红或鲜红，整条鱼感觉比蓝底过背金龙鱼和紫底过背金龙鱼更艳丽。

超级红龙鱼的鉴赏与红龙鱼一样，没有特别的标准，当然它们应该比一级红龙鱼更鲜艳，颜色更浓郁。

紫艳红龙鱼、艳彤红龙鱼、紫彤红龙鱼等各种亚洲龙鱼的鉴赏，其实也没有特别的要求，就按照亚洲龙鱼的共同要求，先从健康状况、形态泳姿等方面进行判断和鉴赏，然后色泽方面越符合品种特征的、在颜色和反光度方面越突出的越好。

源于金龙鱼的白金龙鱼

源于红龙鱼的白金龙鱼

源于青龙鱼的白金龙鱼

三、其他龙鱼的鉴赏

骨舌鱼科的现存 7 个种，即 7 种龙鱼，前面已经介绍了银龙鱼、南美黑龙鱼、亚洲龙鱼的鉴赏，还有 4 种在这里介绍。

（一）珍珠龙鱼和星点珍珠龙鱼

大洋洲有 2 种龙鱼，即珍珠龙鱼和星点珍珠龙鱼，这两种龙鱼常被统称为澳洲龙鱼，在分类关系上与亚洲龙鱼是同一属的，形态与亚洲龙鱼很接近，明显的区别是比亚洲龙鱼多一行鳞片。

澳洲龙鱼从来都不是龙鱼比赛的参赛对象，这是因为它们都是野生的，是天然的鱼苗被人捕捞收集起来，人工条件下养殖一段时间，长到二三十厘米长时就上市出售。这些鱼基本上没有个体差异，所以比较孰优孰劣既困难又没有意义。但是既然它是观赏鱼，您当然可以用您的视角去欣赏它。

澳洲龙鱼的欣赏以形态、泳姿为主，要求符合标准，没有明显的损伤、畸形，色泽方面要求有正常的皮肤光泽，即鳞片外表皮之外应该有一层黏膜，体表不会显得干涩，其中星点珍珠龙鱼鳞片中心的红点，首先是要整齐，躯干中部每一片鳞片上的红点大小一致、排列整齐、色度一致，另外，红点越鲜艳越好。

（二）非洲黑龙鱼

非洲黑龙鱼（尼罗河异耳鱼、尼罗河黑龙鱼）不是主流观赏鱼，更不是比赛对象，它的欣赏以形态、泳姿为主，要求符合标准，没有明显的损伤、畸形，色泽方面要求有正常的皮肤光泽，仅此而已。

（三）巨骨舌鱼

巨骨舌鱼，到目前为止多数鱼苗是从自然水体捕捞的，人工繁殖现在已有，但还没有人工育种，因此种质还没有出现分化。但是成年的巨骨舌鱼有个体间的差异，可以进行美观度的比较，虽然目前并没有成为比赛的对象，但是常常在水族展览会上展示。

巨骨舌鱼的鉴赏包括形态、泳姿和色泽等方面，要求没有明显的损伤、畸形，体轴端正，左右平衡，形态方面各比例性状符合标准，总体感觉粗壮有力。

色泽方面，高品质个体头部表面有金属光泽，通常为古铜色或水银色，躯干中后部鳞片有鲜艳的红色色斑，决定其色彩质量的是红色色斑的覆盖范围、覆盖率、密集程度、排列整齐度、鳞片上色斑的大小及总体色质浓度等。

红色色斑的覆盖范围可起于下唇终于尾鳍末梢，但是头部除下颌之外正常情况下是没有红斑的，优质品在这个部位应该是覆盖金属质。腹部的红斑可与下颌的红斑连续，并一直向后延伸，下颌无红斑而腹部红斑起于胸鳍部位的也是相当优异的，而躯干中部和背部的红斑起点较靠后，在前 1/4 处开始已属于最优异的，前 1/3 处开始属于一级品，躯干腹部、中部和背部的红斑起点躯干 1/2 处的属于中等层次，大部分巨骨舌鱼都能达到这种水平。

覆盖率是指有红斑的鳞片占总鳞片数的比例，覆盖率越高越好。

红斑的密集程度和排列整齐度有很大的关联，密集程度高的一定排列整齐，而密集程度不太高的，往往分布比较散乱，排列整齐度往往较差。

鳞片上的色斑占鳞片的面积越大越好，有的鱼鳞片上的红斑只占鳞片的很小一部分，类似鳞框，而有的鱼鳞片上的红斑占鳞片面积的 1/2 以上，视觉效果比只有鳞框状红斑的要鲜艳得多。同一尾鱼不同的鳞片其红斑大小并不完全一样，关键是身体后部的侧线附近，红斑越大块越好。

鳞片上红斑占鳞片的面积大于 1/2，带红斑的鳞片比例高于 2/3，并且身体后部带红斑的鳞片比例达到 90% 以上，整体色质浓度就会很高，给人的感觉是整个鱼体后部都是鲜红的，包括背鳍和尾鳍，那么，这尾巨骨舌鱼一定会让人觉得惊艳。